中国科普大奖图书典藏书系

每月之星

陶 宏◎著

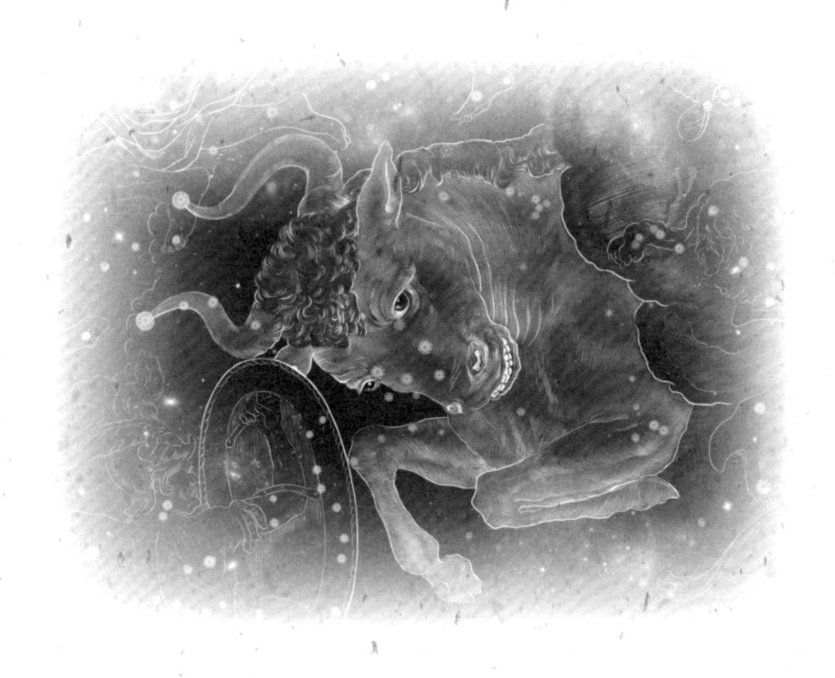

长江出版传媒 湖北科学技术出版社

图书在版编目(CIP)数据

每月之星／陶宏著. —武汉:湖北科学技术出版社,
2018.11（2024.1 重印）
ISBN 978-7-5352-9870-6

Ⅰ. ①每…　Ⅱ. ①陶…　Ⅲ. ①天文学—普及读物
Ⅳ. ①P1-49

中国版本图书馆 CIP 数据核字(2017)第 290928 号

每月之星
MEI YUE ZHI XING

责任编辑:彭永东　　封面设计:胡　博

出版发行:湖北科学技术出版社　　电话:027-87679468
地　　址:武汉市雄楚大街 268 号　　邮编:430070
（湖北出版文化城 B 座 13-14 层）
网　　址:http://www.hbstp.com.cn

印　　刷:武汉临江彩印有限公司　　邮编:430019

710×1000　1/16　10.75 印张　2 插页　180 千字
2018 年 11 月第 1 版　2024年1月第12次印刷
定价:26.00 元

总 序

ZONGXU

我热烈祝贺“中国科普大奖图书典藏书系”的出版！“空谈误国，实干兴邦。”习近平同志在参观《复兴之路》展览时讲得多么深刻！本书系的出版，正是科普工作实干的具体体现。

科普工作是一项功在当代、利在千秋的重要事业。1953年，毛泽东同志视察中国科学院紫金山天文台时说：“我们要多向群众介绍科学知识。”1988年，邓小平同志提出“科学技术是第一生产力”，而科学技术研究和科学技术普及是科学技术发展的双翼。1995年，江泽民同志提出在全国实施科教兴国战略，而科普工作是科教兴国战略的一个重要组成部分。2003年，胡锦涛同志提出的科学发展观既是科普工作的指导方针，又是科普工作的重要宣传内容；不是科学的发展，实质上就谈不上真正的可持续发展。

科普创作肩负着传播知识、激发兴趣、启迪智慧的重要责任，优秀的科普作品不仅能带给人们真、善、美的阅读体验，还能引人深思，激发人们的求知欲、好奇心与创造力，从而提高个人乃至全民的科学文化素质。国民素质是第一国力。教育的宗旨，科普的目的，就是为了提高国民素质。只有全民的综合素质提高了，中国才有可能屹立于世界民族之林，才有可能实现习近平同志提出的中华民族的伟大复兴这个中国梦！

新中国成立以来，我国的科普事业经历了：1949—1965年的创立与发展阶段；1966—1976年的中断与恢复阶段；1977—

1990年的恢复与发展阶段;1991—1999年的繁荣与进步阶段;2000年至今的创新发展阶段。60多年过去了,我国的科技水平已达到"可上九天揽月,可下五洋捉鳖"的地步,而伴随着我国社会主义事业日新月异的发展,我国的科普工作也早已是一派蒸蒸日上、欣欣向荣的景象,结出了累累硕果。同时,展望明天,科普工作如同科技工作,任务更加伟大、艰巨,前景更加辉煌、喜人。

"中国科普大奖图书典藏书系"正是在这60多年间,我国高水平原创科普作品的一次集中展示。书系中一部部不同时期、不同作者、不同题材、不同风格的优秀科普作品生动地反映出新中国成立以来中国科普创作走过的光辉历程。为了保证书系的高品位和高质量,编委会制定了严格的选编标准和原则:①获得图书大奖的科普作品、科学文艺作品(包括科幻小说、科学小品、科学童话、科学诗歌、科学传记等);②曾经产生很大影响、入选中小学教材的科普作家的作品;③弘扬科学精神、普及科学知识、传播科学方法,时代精神与人文精神俱佳的优秀科普作品;④每个作家只选编一部代表作。

在长长的书名和作者名单中,我看到了许多耳熟能详的名字,备感亲切。作者中有许多我国科技界、文化界、教育界的老前辈,其中有些已经过世;也有许多一直为科普事业辛勤耕耘的我的同事或同行;更有许多近年来在科普作品创作中取得突出成绩的后起之秀。在此,向他们致以崇高的敬意!

科普事业需要传承,需要发展,更需要开拓、创新!当今世界的科学技术在飞速发展、日新月异,人们的生活习惯和工作节奏也随着科学技术的进步在迅速变化。新的形势要求科普创作跟上时代的脚步,不断更新、创新。这就需要有更多的有志之士加入到科普创作的队伍中来,只有新的科普创作者不断涌现,新的优秀科普作品层出不穷,我国的科普事业才能继往开来,不断焕发出新的生命力,不断为推动科技发展、为提高国民素质做出更好、更多、更新的贡献。

“中国科普大奖图书典藏书系”承载着新中国成立60多年来科普创作的历史——历史是辉煌的，今天是美好的！未来是更加辉煌、更加美好的。我深信，我国社会各界有志之士一定会共同努力，把我国的科普事业推向新的高度，为全面建成小康社会和实现中华民族的伟大复兴做出我们应有的贡献！“会当凌绝顶，一览众山小”！

中国科学院院士
华中科技大学教授
杨叔子
二〇一二、十二、廿八

再版序言

陶宏先生写的《每月之星》曾被科学家们推荐为“20 世纪百部科普佳作”之一。

我第一次看到这本书，是在北京一中上初中的时候。这所历史悠久的中学有一个藏书丰富的图书馆。我的同班好友裴申（古人类学家裴文中先生的儿子）是一位天文爱好者，他从图书馆借到一本《每月之星》，读后多次向我谈起这本书里的有趣内容。于是我也赶到学校图书馆借了这本书。

书中内容真是精彩，不仅介绍现代天文知识，同时也介绍古代关于星空的神话；不仅介绍近代天文学采用的古希腊的星座，同时也介绍中国古代天文学使用的星名和星宿，而且两者对照讲，让人一目了然。这真是一本贯通中西、谈古论今的好书。

《每月之星》在介绍天文学理论知识的同时，也向青年少年介绍如何认识星空、观察星空。20 世纪 50 年代，天气晴朗的时候，在北京城里比较空旷和灯光较暗的地方，可以看到满天闪烁的星星。我经常晚上在院子里拿个手电筒，按照书上的指导，对照星图辨认天上的星座和星宿，兴趣盎然。

这本书不仅引导了我对天文学的兴趣，也引导了我对物理学和其他科学领域的兴趣。可以说，此书对我一生都产生了积极影响。

我在中国科学技术大学物理系上本科三年级的时候，利用暑假的空闲时间自学了爱因斯坦的广义相对论，对这一领域有了一个初步的认识。只可惜“文化大革命”打断了我的学业，有 10 年左右的时间基本无法正常学习和工作，其中6年完全不能接触任何自然科学。

1978年，我来到北京师范大学天文系，追随刘辽先生学习广义相对论，研究黑洞和引力波。

我第一次看到有关“黑洞”的阐述就来自《每月之星》这本书，对这一点我一直记忆犹新。《每月之星》介绍了当时已经发现的白矮星，这种星的“一酒杯大的物质就有一吨重”。这么大的密度让我吃惊了好一段时间。这本书还谈到了当时已经预言但还未发现的中子星。尤为可贵的是，它还提到爱因斯坦描述时空弯曲的引力论（即广义相对论）预言了一种看不见的“暗星”，也就是后来所说的黑洞。

我一直清楚地记得，陶宏先生在书的序言中谈到，这本书写于1949年“北平围城之日”。我读到这本书则是在10年之后，1958年左右。

我是一个热爱天文学和物理学的人，在读学术著作的同时，也喜欢读科普书。但在此后相当长的一段时间里我没有再从任何学术书和科普书中看到有关黑洞的知识，直到1974年我在哈尔滨东北石油化学所工作期间，才从《科学通报》上看到一篇介绍黑洞的文章，才知道西方的学者不仅在谈论黑洞，而且在大力研究黑洞。

不幸中之万幸的是，我终于在10年彷徨之后，追随刘辽先生进入了黑洞研究的领域。

我起先是天文系的硕士研究生，后来留校在物理系工作。在此期间，我有一次向天文系主任冯克嘉教授（我的硕士导师之一）谈起陶宏先生的《每月之星》，说这本书是我读过的最好的科普书。冯先生告诉我，陶宏是陶行知先生的儿子。

1996年，我在北师大研究生院工作的时候，有幸与顾明远先生在同一个办公室。有一天中午休息的时候，我去翻阅顾先生书架上的《陶行知文集》，发现其中有一些天文学方面的内容，与《每月之星》的内容相近。于是我又去找《每月之星》这本书的复印件，发现了我在青少年时代没有注意到的内容。陶宏先生在书的序言中写道，《每月之星》的内容，来自他父亲陶行知先生为学生开创的、介绍天文知识的《月令之星》课的讲稿。当时陶宏先生为他父亲做小助教。陶行知先生过世后，陶宏先生把父亲的文稿加以整理补充，先以《月令之星》的名称，在《中学生》杂志上连载，后又进一步加工成《每月之星》这本书，作为《开明青年丛书》的一本出版。

我当时真是吃惊不小。虽然对于陶行知先生早有耳闻，知道他是一位伟大的教育家、著名的民主人士，把自己的一生都献给了中国的平民教育。但我以为他只知道社会知识，这次才了解到他对自然科学也有很深入的了解。可以说陶行知先生上知天文，下知地理，中晓人和，是一位百科全书式的人物。

在油然生敬之余，我不禁想到，孔夫子在那个时代不也是一位百科全书式的人物吗？

看来，真正的教育家应该有全面而丰富的知识，不是仅知道一些教育学、心理学的理论就可以了。成为一个真正的教育家不是容易的事情。

现在，距离《每月之星》的出版，已经将近70年了，在科学技术飞速发展的时代，书中自然缺少很多新成果和人们对宇宙的新认识。但是这本书的主要内容和写作风格，对于今天广大青少年、天文爱好者和科普作家仍有重要的参考价值。所以我曾多次向几个出版社推荐重新出版这本书，但都由于种种原因而落空了。这次，湖北科学技术出版社克服了许多困难，修订弥补了本书的缺憾，终于让这本杰出的书籍得以重新面世。

高兴之余，我不揣冒昧，为这本优秀的科普著作撰写序言以纪念陶行知先生和陶宏先生的在天之灵，同时感谢湖北科学技术出版社为中国的科普事业所做的贡献。

赵　峥

中国引力与相对论天体物理学会前理事长

2017年11月7日

审订补充说明

这部书出版于1950年，编著者陶宏是一位化学家，是中国感光化学的主要开创者，他还是大教育家陶行知先生的长子。而且，据原序的介绍，原来这部书起源于陶行知先生给儿童学校开设的“月令之星”课程，而在中国，这课程是把现代星座知识传播于大众的首次尝试，因为这层意义，更让我们对这部书肃然起敬。

湖北科学技术出版社决定再版这部书，这是非常有益的工作。这部书不仅讲述每月星座，而且中西结合，并且以恒星和各天区引出许多话题，覆盖了大量天文知识，行文轻松、生动，很多地方如唠家常，可读性很强。但由于出版较早，书中的有些数据已经过时，同时也缺少半个多世纪来关于天文学新发现的讲述，所以编辑让笔者来进行审订，做一些文字、提法上的补充和更新。我们本着尽量少改的原则，对一些图片和数据做了更新，并对近来天文学的新发现，如中子星、黑洞、暗物质、大爆炸宇宙学等做了一些补充（特别地，本书请徐刚先生对每月星图作了重新绘制）。其中对数据的更新主要是天体的距离，了解天文的人都知道，天体到我们的距离是天文学中最重要也是最难测准的数据（一般来说，距离测准了，其他数据就迎刃而解）。直到现在，对多数恒星（尤其是远一些的），我们仍然无法精确地测定出其距离，查各文献所载的，也常不一致。因为这个原因，笔者审订补充所述的，可能有不准确之处，另外补充部分的语气风格也可能与全文不甚协调，还请读者们给予指正。

王玉民

北京天文馆研究员

2018年5月11日

序

"一·二八"事变那年(1932年),陶行知先生给儿童科学通信学校创设了一门"月令之星"的课程。这门课程的教员就是陶行知先生自己,我是他的一名小助教。陶先生在教育园地里曾经做了不少开天辟地的辉煌工作;想不到他同时也是中国第一个将星空大众化的科学工作者——实际上在我国,他也是首先打倒科学八股,而有计划有组织地普及科学教育的推动者。这本小册子初版书名是《月令之星》,现在修订再版,一则是纪念陶行知先生在这一方面所做的倡导工作,二则这本书也是据过去《月令之星》的经验而完成的。像星图上同时将星座与星宿并列的系统,也是根据过去的设计而绘制的。

本书里中外星名并重这一特点也是继承过去的。一般天文书籍大多全用外国星名的系统,完全忽略我国数千年相沿下来的唯一的科学传统——恒星星名,这当然是不对的。而一般古老的天文书籍上面所列的星名又全是道地货,使读者对这些道地货无从与近代科学研究的情况联系起来,非常不便。我就调和了这两个极端:既顾到"法统"又不忘"革命"。但绝不是"中学为体,西学为用"。

原稿曾在1948年《中学生》杂志上连续刊载。我利用北平被围的一段时间内重新整理了一下,并改正了一些错误。

最后有一点小声明:这本书并不是一本天文学读本,它只是一本观星指导的书籍而已,所以它不可能像一般教科书那样系统分明地处理天文学的材料。它的系统只是每个月的星空，顶多不过在谈星时提一些有关的知识，也不可能接触到所有的恒星问题。它的目的并不是在有系统地介绍天文学，而不过是想借看星引起读者对于宇宙的兴趣，因此你也许会觉得它内容稍杂，但我却认为还是杂一点好。

对读者而言，这既是一本操作用的书，望你千万别把它仅仅捧在手里读。

我很感谢一些《中学生》杂志的读者一年来所给我的鼓励和意见，特别是它的编者傅彬然先生以及其他的朋友所给我的“瘾士皮灵(inspiring)”。

1949 年 1 月 22 日，北平停战之日，陶宏写于北大红楼

开场白

英国天文学家金斯(James Jeans)曾经说过:我们生长在这个地球上,实在要算是幸事。可是很少人真把这当成一件幸运事看。金斯的意思是说:假如我们生长在金星上面,或是木星、土星上面,那我们根本就没有机会去欣赏夜晚星空的美丽了,更无从去探究宇宙的种种神秘,甚至于是否还有"宇宙"这个观念恐怕都是问题呢;我们将永远生活在一种被封锁的状态中。原来金星、木星和土星的周围都有一层极其浓厚的云层包围着,人们如果住到那里去,便无法突破那云层去看外界的情形。我们地球上只有一层不太厚的大气层和云层,所以能够和外界保持接触,因此天文学家总能把星体的玄妙揭露给大家看,诗人才能创作出歌颂宇宙之美的诗篇来给我们欣赏,也才能有无数关于宇宙的绚烂美丽的神话传说由人们一代代留传下来。我们既如此得天独厚,又怎好轻轻辜负,不去享受那种宇宙的美丽呢。

我打算在这本书里较有系统地把每一个月的星空情形介绍给你。下面算是一点极轻易的准备工作。

一、星图说明

由于地球自转和公转的关系,我们的星空也与时更新,一年一个循环,极规则地变化着。因此,我们每一个月附有一张星图。

古人为便于认星起见，将全天分成若干小区域。在我国，这些小区域称为星宿，在外国则称为星座。然后把这些星宿里的星用1、2、3、4等数目标明，或是在数目上添一个“增”字，以扩大命名的范围。在星座里的每一颗星则用希腊字母标明，希腊字母不够用时则用阿拉伯数字：1、2、3…添上去。我们在星图上同时注明星宿和星座的名称，通常星座的范围比星宿的大，因此星宿是被包括在星座里的。如1月星图，昴宿，毕宿，外加五车五是属于金牛座的，但“五车”其余的星是属于御夫座的。大陵和天船都是中国星宿的名称，是属于英仙座的。同一星宿，一部分属于一个星座，一部分又属于另一个星座（如“五车”），这种情形不多。

我再补充一句：所有的星宿与星座的划分全是人为的，并不一定表示星星实际的类聚情况。

二、怎样使用星图

按照星图规定的时间，将它倒持在头顶，并使图上所标明的方向与真实的方向一致。这时图上星星的位置就是代表它们在天空的位置。于是我们就可以按图找星。

假如我们要在星图的规定时间以外去看星，那怎么办呢？有两个办法：如果每早1个小时，那么将倒持着的图顺着时针行动的方向移转15°；每迟1个小时，就逆着时针的方向移转15°。这是因为地球从西往东，1个小时自转15°，星空便从东往西，1小时移转15°。还有一个办法，就是每早两小时，我们就用前一个月的星图；每迟两小时，我们就用下一个月的星图。比如：现在是10月1日晚上11点钟，我们想出去看看天象，那么可以用11月的星图；半夜1点钟呢，可以用12月的星图，如果是晚上7点钟呢，我们就用9月的星图。依此类推，我们就知道虽然星图上标明是10月份的，但也一样可以应用在11月1日晚7时、9月1日晚11时、8月1日夜半1时……其余月份的星图也是如此。

这样说来，一张星图可以应用在种种不同的月份里，而同一月份又可依时间的不同采用不同的星图，看别月的星星。不但这样，就在同一天里，按照不同的时间，也可采用别月的星图，看别月的星星。换句话说，即使在仅仅一夜里，只要我们兴致好，随着地球的转动，差不多可以将一年里的星大部分看到。总而言之，只要适当而充分地运用星图的话，我们看星可以说不大受时间限制的。

因此，当你得到这本书时，你不妨先看这个月的星。看熟了以后，再往前推或往后移，无须从头看起。

三、怎样认识星星

星星在天空排列的方式并不如我们所想象的那样杂乱无章，无从辨认。有些星排列得像五角形，有些像斗形，有些像四方形，像一条龙，或是像几个英文字母，又有些连起来像把茶壶，各式各样都有。但最普通的是各种三角形。我们可以利用这些特殊的图形去寻找它们，去辨认它们。最好的方法无过于先认识几颗最亮的星，如天狼、大角、织女、五车二等和几个最显著的星宿，如北斗、参宿，拿这几颗星做向导，然后根据它们和别的一些星连成的三角形，或是直线，或是什么其他的图形，把别的星找出来。这些图形你可以先在星图上画好，把有关各星的相对位置记住，然后再在星空上把同样的图形画出来，于是那些星你就认识了。反过来，你在天空看到了一个什么图形，不知道它们叫什么名字，那么你可以在那一个月的星图上，根据它们的位置和图形，把它们的名字找出来。

最后，这本书里讲的全是恒星。我们每一个月所讲的那些星，都是这一个月天黑时，在我们头顶上或是通过我们头顶在南北方向上的恒星。这是因为它们在这个方向上最便于观察。行星因为行踪不定，没有在图上表示出来。你如果发现一颗很亮的星，是星图上没有的，那必是行星，或是新星，假如你运气好的话，或许看到的就是一颗彗星。行星和恒星最大的不同便是前者光辉稳定，不呈闪烁的现象，并且在群星中逐渐移动。碰到这种情形，你可以去网上查找一下当前的行星位置，按照出现的时间和所在的星座，把这位“不速之客”查出来。

行星虽然“好像是青石板上钉铜钉——千颗万颗数不清”，然而只要我们一步一步地观察下去，自然会如傅玄一样感觉到：“繁星依青天，列宿自成行。”总能在繁星之海里摸出金子来，你必定会觉得观星实在有无比的乐趣。

本书因为篇幅有限，只能谈谈我们肉眼所能见到的几个星座、星宿。关于天文方面你要是希望获得更多的知识，下列诸书，可供参考：

戴文赛：《星空巡礼》（西风），这是1947年出版的一本通俗天文读物。

琼斯：《宇宙之大》（开明），《神秘的宇宙》（开明），《环绕我们的宇宙》（出处不详）。

朱文鑫：《天文学小史》（商务）。

薛普莱：《从原子到银河》（商务）。

法布尔：《天象谈话》（商务）。

侯失勒：《谈天》（商务）。

爱丁顿：《膨胀的宇宙》（商务），《星与原子》（辛垦）。

（以上是作者于20世纪50年代开具的参考书单，有一定的参考意义。读者可根据需要查找到当前的一些天文学经典著作。——编者）

目录

1月的星空

2月的星空

3月的星空

4月的星空

5月的星空

6月的星空

7月的星空

11月的星空

12月的星空

1 月的星空

昴宿—毕宿—五车—英仙—天船
宇宙的巨汉—恒星也有蚀—星团展览会

冬天的星空在一年中最为美丽。大部分著名灿烂的星，都在这时候出现，在人间岁序更新的当儿，它们仿佛也在送旧迎新似的。

汉代司马迁所著的《史记 · 天官书》，可以说是我国第一部系统的天文著述。在那里他为了观星方便起见，承继了先人观天的习惯，将肉眼所见的星分为东、西、南、北、中五区，叫作五宫。把东、西、南、北四宫的星宿，各连成一只动物的形状（也许是根据《尚书》的《尧典》而作的），即以此动物的名称呼这一宫。如西宫白虎、东宫苍龙、南宫朱鸟、北宫玄武——玄武就是乌龟的别名。西宫白虎包括奎、娄、胃、昴、毕、觜、参七宿。这七宿现在可以全部看到。前三者在 12 月份讲，后二者留待下月说，现在我们讲中旬的两宿。

嘒彼小星，维参与昴

这是《诗经》上的两句诗。参就是参宿，昴就是昴宿。都为二十八宿。我们中国管月亮每月走过的星宿叫“二十八宿”。1 月里黄昏时近头顶的地方，有密簇簇的一团星，差不多有六七颗挤在一起，那就是昴宿。这星团

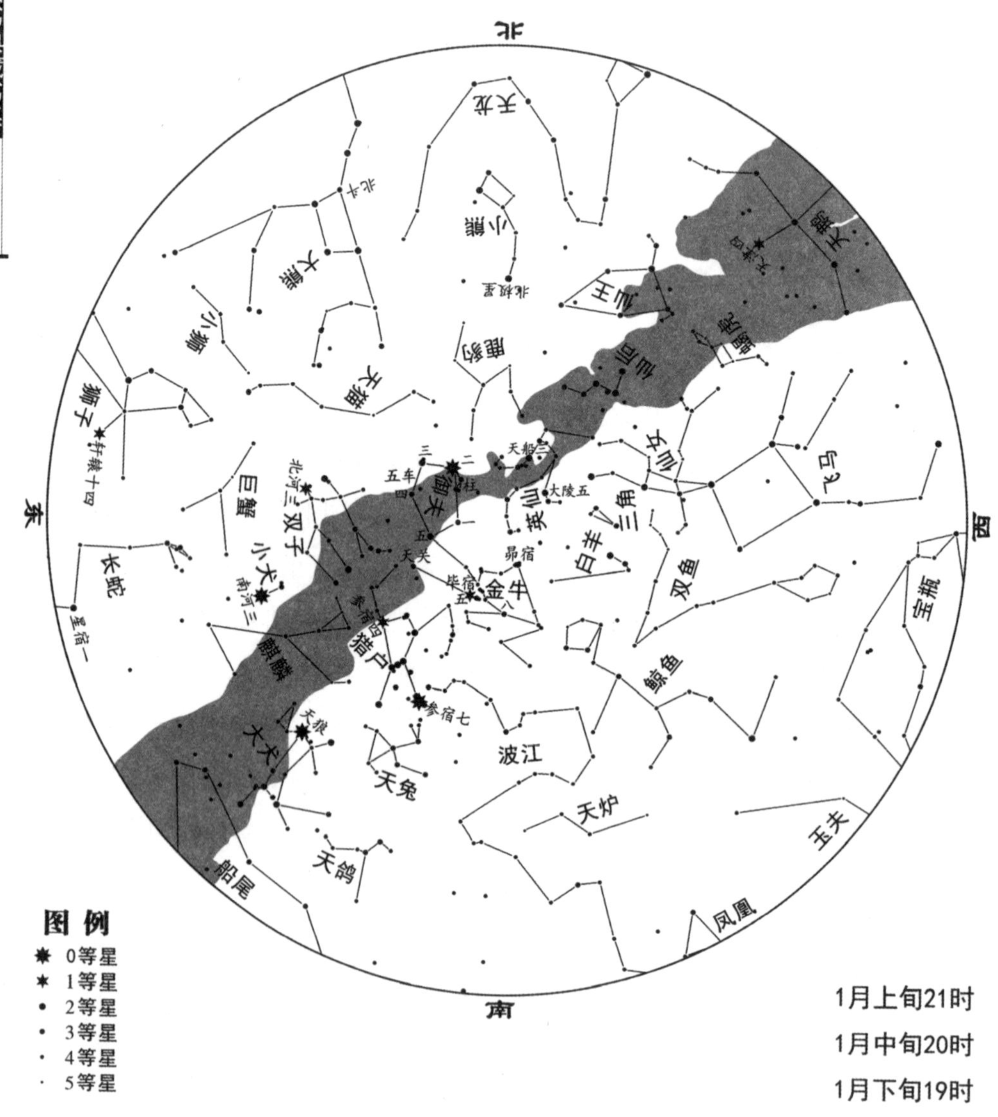

图例
- 0等星
- 1等星
- 2等星
- 3等星
- 4等星
- 5等星

1月上旬21时
1月中旬20时
1月下旬19时

1 月星空图

极容易找，也极引人注目，因此各国关于星的民间传说里，几乎都有它的份儿。《旧约》里，希腊史诗作者希西阿的著作里以及密尔顿的诗篇里，都提到它。目光好的人可以看出有7颗，所以希腊神话里称它为“七姊妹(Pleiades)”。亚历山大时期的批评家会用这个名字来称呼托勒密王朝中最成功的7个诗人。文艺复兴运动后，法国曾有两次将这个光荣的名字赠给他们的诗人团体。

这星宿，古时的文人把它看得很重要，无论中国还是西方都是如此。农人一早起来，如果看见它正从东方出来，就知道春天已经到来，应当准备耕种了；如果看见它已在西方地平线上，就知道应当准备过冬的粮食了。我们中国还利用它来定四时。《书经》上说：“日短星昴，以正仲冬。”就是说冬天的白天一天比一天短，如果天黑时昴宿恰好在中天，那时候白天最短，就是冬至到来的时候(中天就是星星经过我们头顶那根从南到北的子午线)。

由于透视的关系，我们肉眼看去，有很多星好像是挤在一起，其实彼此之间毫无关系。但是昴宿却是一个真正的星团。肉眼看去虽只有7颗星，但通过望远镜用照相机去照，至少可照得2000颗星的样子。其中有250颗是真正属于昴宿星团的。它们步调一致，方向一致，真正地结成了一个集团。现在我们都知道，恒星并不是恒定不动的，它们都各自以惊人的速度在向前飞跑，只因距离太远，肉眼看不见罢了。昴宿星团里每一颗星，都以同样的速度向着天空同一个方向运行。它们距离地球约400光年(光在一年里所走的路的长短叫“光年”)。它们占据的地位相当大，从这一边到那一边的距离，有13光年。我们太阳系的直径只有10个光时，未免相形见绌，小得无地自容了。

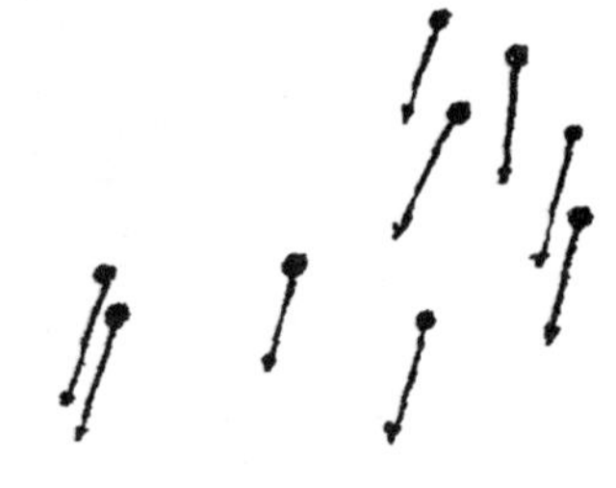

昴宿星团的自行：两万年后，这些星将移到箭尖所在的地方去

《诗经》上说昴宿都是些“小星”，其实一点也不小。我们肉眼所见的那些小星，都是非常热而亮的星，它们放射出来的光都比太阳要亮好几百倍！

毕宿八星如小网，左角一珠光独朗*

紧接着昴宿，在它的左下方有一颗很红的大星，差不多也近于头顶地方，叫作毕宿五。将它附近的几颗星连起来，很像一个横着的英文字母 Y，自然，你说它像个捞鱼的小网也成，像个小叉子也成。这整个的 Y 叉便是我国二十八宿之一的毕宿。它由 8 颗星构成，左角上的一颗最亮，那便是毕宿五。昴宿和毕宿联起来，西方人叫作金牛座。毕宿五的学名就叫金牛第一星（α-Tauri）。金牛座是黄道十二宫的一宫，为太阳必经之地，也是行星和月亮出入的地方。所以《史记·天官书》上说“昴毕间为天街”，意思就是指日月和行星出入的要道。假如你在这地方发现了一颗为恒星图上没有的大星，那准是行星无疑。

毕宿也是一个星团，但它的组织结构比昴宿要稀疏得多，大约由 80 颗星所构成，毕宿五并不属于这个星团，看上去它不过是凑巧列在一起的。毕宿星团距离我们有 150 光年。毕宿五的距离是 65 光年，直径比太阳大 35 倍，光度比太阳强 91 倍，是星空中最亮的几颗星之一，它是一颗标准的 1 等星，质量是太阳的两倍，表面温度约 4000℃，比太阳稍低。

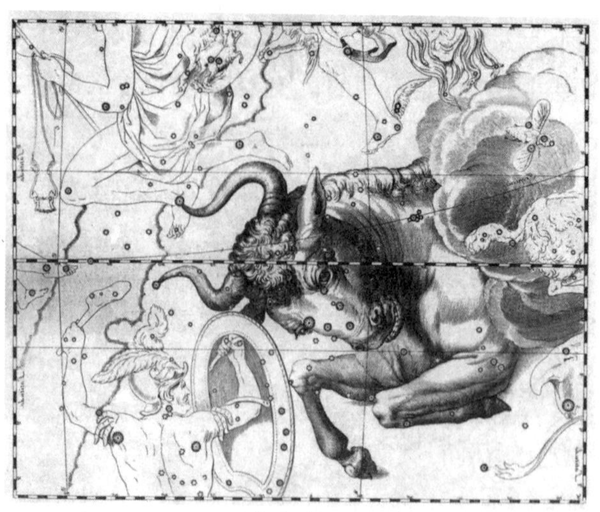

金牛座图

* 引自《西步天歌》。

有一个巧合的地方，我国古代人就说月亮走近毕宿是要下雨的，所以诗经上说：“月离于毕，俾滂沱矣。”毕宿星团的学名是Hyades，也是下雨的意思。原来小亚细亚一带，每年雨季开始就在毕宿和太阳同时升起的时候（5月7日至20日）。

毕宿五是英国天文学家哈雷（Halley）最初发现恒星并不恒定不动的三颗星之一。其他两颗：一颗是现在东南方天空最亮的天狼，另一颗是牧夫座的大角。

天河上面放风筝，五车五星五边形

在昴宿和毕宿的左上方，近天顶的地方有5颗亮星——其中有两颗特别大——形成一个大五边形，五边形的每一个角差不多都相等，这就是“五车”，学名御夫座。它们排列的情形有些像风筝。这风筝恰好平置在天河上面。这是一个极醒目的星座。其中和昴宿、毕宿，互成一个等腰三角形的星，也就是五边形的最亮的一颗星，叫作五车二，学名御夫第一星，是北部天空仅有的三大星之一。比它亮一点的只有织女，但是在这时候，织女已降落在西北角上，好像被人遗忘了。五车二离我们有42光年，是双星——就是由两颗星构成的一个体系，它主星的直径比太阳的大10倍，光比太阳亮78倍，表面温度约6000℃，和我们太阳差不多。

御夫座图

五车二上面那颗叫作五车三的

星，也是一颗双星，它们联结得非常紧，望远镜不能把它们分开，要用分光镜才分得开。两星大小差不多，直径都比太阳的直径大3倍，光亮也一样，互相绕着它们共同的引力重心旋转。

宇宙间最大的星体是什么？在五车一、五车二之间，有3颗星合称为“柱”。这3颗星连接起来形成一个小的等腰三角形。柱七，即御夫第六星（ζ-Aurigae）也是一颗双星。它的体系是由一颗直径700万千米的赤热星体，和一颗直径4.4亿千米的较冷的巨星构成的。后者的直径几乎和火星轨道的直径相等。但它的构造却非常稀薄，平均密度只有水的百万分之一。那颗赤热的星绕着这颗巨星旋转，像是它的一盏明灯，给它热，给它光。二者相距约10亿千米，介乎我们木星和土星与太阳距离之间，公转周期是972天。比木星绕日运行的速度12年1周，要快得多了。那颗较冷的巨星在我们看来总算是巨大无比了。假如地球是个棒球的话，那么它就是一个直径2.5千米的大球，至少要10个足球场那么宽广的地方才放得下。可是要和柱六，即御夫第五星（ε-Aurigae）那双星系里的巨星相比，才真是小巫见大巫呢。在那体系里，柱七的巨星只能算是它的一颗小星而已。柱六的双星系统也是由一颗亮的小星和一颗冷的巨星构成的。假如地球是个棒球的话，那么这颗黯然无光的星体便是一个直径25千米的大球；需要3个北平（旧时对北京的称呼——编者）城才放得下。它的真实大小是太阳的4000倍，直径相当于土星的轨道长轴。这是1937年以后，我们所知道的宇宙间最大的星体，想不到这样一个大东西，在我们的眼睛看来，竟是一个小得不可再小的亮点子。在这个系统里，它们两颗星互相绕着共同的重心转，周期是27年。因此有时候，当那颗发光的小星转到那颗无光的大星后面，就有与日食相当的现象发生。这时柱六的光亮就减少到原来的一半。以后慢慢地又恢复到原来的光彩。像这样光亮变更的星，我们称之为变光星。柱六的亮星转到暗星后面，并没有完全失去光彩，这正是说明那暗星多少有些透明，也表明它的构成很稀薄。

从五边形最下面的那颗星，五车五（属金牛座），向五车二画条直线，一直向北延长两倍半，碰到的那颗亮星就是北极星。反过来，从五车二向五车五画条直线，延长 1 倍多，就是碰到最著名的参宿，也就是猎户座。

五车五下方有一星“天关”，属金牛座，有这样一段著名的故事：

宋代至和元年（公元 1054 年）的一天凌晨，朝廷的天文生正值班观察着星空时，突然发现毕宿东面的“天关星”旁边出现一颗明亮的星星，它一动不动，闪闪发光，亮度盖过了周围所有的星，天文生立刻报告：“客星”出现了。

客星，顾名思义，就是像客人一样，有来有去的星星。这颗客星亮度还在增加，很快白天都能看见了，一连持续 23 天白天都能看见，后来才慢慢暗下去，将近两年后才消失。中国的典籍《宋史 · 天文志》《宋会要辑稿》都留下了记载，汉字文化圈国家中的日本也有记录。在欧洲，当时竟无一人关心这事，因为他们信守亚里士多德的观点“天体不变”，既然如此，那么“变的就不是天体”，他们都以为那是大气层的燃烧现象呢！

客星消失，这事看来就过去了，但到了 1731 年，英国一个天文爱好者用望远镜观测时，发现金牛座ζ星附近有一个朦胧的小星云。100 多年后，英国的罗斯伯爵用他自制的世界最大的望远镜观测它时，发现它张牙舞爪的，像只螃蟹，因此给它起了个专名叫“蟹状星云”。到 1921 年，天文学家检查蟹状星云过去的照片，发现它的个头一年比一年“涨大”了，照这个速度回推，它应该是 900 年前从一个点膨胀开的。这时科学家想到了中国 1054 年的客星记录，天关星就是金牛座ζ星，蟹状星云会不会是 1054 年超新星爆发形成的呢？经过科学史学者的周密论证，最后肯定了这一点。

这个活标本，对天文学家研究恒星的演化极有帮助。射电天文学兴起后，人们又发现它还是天上最强的射电源之一，慢慢又发现，它还发射强烈的红外线、紫外线、X 射线和γ射线。1968 年又发现星云中有一颗射电脉冲星，后来用大型光学望远镜也找到了它，说明它还是光学脉冲星，现在科学界公认它是一颗快速自转的中子星（见“9 月的星空”部分）。这样，现代天体物理学竟有一半的内容与这块小星云有关，它真可以说是天空中的“全能天体”了。

天汉阻前走无路，一叶孤舟顺流来

在昴星的北面，五车二的东面，和五车二、毕宿五成一个大直角三角形的星，便是天船三。将它左右几颗星连起来，恰好成一只横渡天河的船，所以叫作天船。将它和西面的几颗星连起来，就像花体的英文字母“*A*”，这就是英仙座。英仙座里有一颗非常著名的星叫作大陵五，学名英仙第二星(β-Persei，又名Algol)，是一颗标准的变光星，从五车三向五车二画条线，延长两倍，便碰到它。它顶亮的时候是颗2等星，顶弱的时候是颗3等星，前后相差3倍多。变化的周期非常规则，是2天20时49分，有两天半停留在最亮的时候，然后光亮逐渐微弱下去，5小时后到最弱时为止，然后在5小时内又恢复到正常的亮度。从亮到暗又从暗到亮是10小时的样子，因此在夜长的时候，我们可以观察出它全部的变化过程。在观察它的变化时，我们不妨选一颗2等星和一颗3等星做比较的标准，在它附近最适于做比较的2等星是娄宿三，和三角座里的任何一颗3等星。

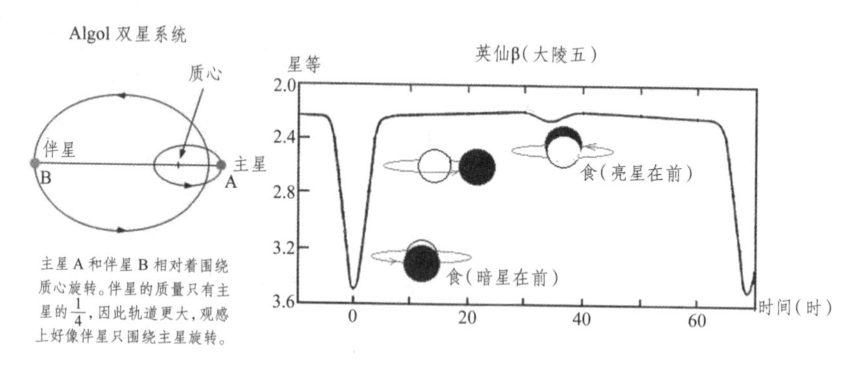

大陵五双星系统的视轨道及两星的相对大小

下面谈谈蚀变星。为什么大陵五会有变光的现象呢？原因和前面御夫座柱六变光的道理一样；它也是颗双星，由一颗暗星和一颗亮星绕着它们共同的重心，换句话说即互相绕着转，所以变光。这一类变光星统叫“蚀变星”，意思是说它们的变光和日月蚀的变光道理一样，并非由于星体本身变化所致。已发现的蚀变星有4000多颗，大陵五就是第一个被发现的蚀变星。最初发现它变光现象的是意大利天文学家蒙塔纳里（Montanari），时间是1669年。但据传说，阿拉伯人在古代已经知道了，原来大陵五的学名Algol是从阿拉伯文变来的，本是魔鬼的意思。好像他们已经发现这颗星变幻不定的奇怪特性了。英国聋哑天文学家古德立克（Goodricke）于1782年测定出它的变光周期，并且提出偏食的理论来解释它的变光。1889年，德国人弗格（Vogel）证明这个理论的正确。大陵五变星系统中，两星之间的距离差不多是2000万千米。暗星比亮星的直径大20%，而亮星又比太阳的直径大3倍；亮星的质量相当于太阳的4倍，暗星的质量相当于太阳的9/10；亮星比太阳亮140倍。这个系统距离我们有92光年。现在更发现大陵五带着它那颗庞大无光的子星，一同环绕着另外一颗星旋转，周期是19年。这么说大陵五是一个三星系统，不过这颗新发现的星对于它的变光并没有关系。

现在我们知道，在一般情形下，蚀变星里的暗星总是比亮星大。它们的变光周期有短到4时43分的，也有长到27年的，如柱六。通常都是两三天的样子。柱六因为那颗暗星是宇宙的巨汉，所以由它所产生的“蚀”的时间也最长，要经过两年之久呢。假如它们那个体系里也有行星的话，那么那些行星至少应当有两年见不着它们的阳光。可是也有一些变化很小的，前后只相差约1倍，像毕宿八（λ-Tauri），金牛座毕宿那个叉子的把子尖，周期是3天22时52分。五车二上面的那颗五车三，就是五边形的那个顶点，也是一颗蚀变星。

关于蚀变星，所有的知识差不多都是从分光镜上得来的。望远镜是无能为力的，因为两颗星联系得太近，即使有几千万千米的间隔，就是最大的望远镜也无法把它们分开。

此外，英仙座里还有两个宝藏，值得我们去探索一下。

(1)双星团。1月可称为“星团月”。前面我说过的有昴宿星团和毕宿星团。在英仙座还有双星团,简直像在开星团展览会了。顾名思义,双星团之得名是从双星来的,表明两个星团排在一起。这个双星团不像前面说到的那两个容易看。它的位置在船头的天船一上面,介于它和仙后座W的阁道三之间1/3的地方,从策到阁道三,延长两倍,也可以找到它。那是肉眼可以看见的,迷迷糊糊像云雾似的一点小斑块,位置在银河之中,用小望远镜可以清楚地看出它们是两个星团构成的。构成这个星团的星虽有好几千,但是仍然和昴宿星团、毕宿星团同属一类,叫作疏散星团,或散状星团。这一类星团目前已发现的约1100个。英仙座双星团是含星最多的一个,距离我们有几千光年。正因为距离更大,所以我们看去,它里面的星排得更紧密。

(2)流星雨。流星有时出现的相当密,从天空的同一点向四方发射。这样的流星我们管它叫“流星雨”。英仙座就有这样一个,非常有名。每年于7月至9月出现,最盛时在8月中旬。你也许以为是天船在天河中激起的泡沫和浪花吧。不过到那时候,英仙座要到10点钟以后才在东方起来。关于流星雨详见“4月的星空”。

1月里波江座位置较适中,从参宿七脚下的玉井,向西迁延到天苑,再东折,连接天园,一直伸入南方地平线下。这个星座是天空范围最大的星座之一,曲折蔓延,像一条江。它的学名Eridanus,本是河神的意思,而且又是意大利波河的古名,所以我们称它为波江座。但是这个星座主要的部分都在南方地平线下,我们看不见,这里就不讲了。已经偏西的那些星座,如飞马座的四边形、鲸鱼座的大躺椅、天鹅座的十字架、仙后座的W以及织女等星,我们将留到以后适当的月份去讲。从东方上来的星座,像在西南的猎户、大犬、双子,以及在地平线上的北斗和狮子座的镰刀,我们将在下一两个月中讲。你可以利用你已知道的星做基础,再照前面所说的作图的方法,一步一步地把其余的星认出来。

2 月的星空

参宿—天狼—天兔—天鸽—南极老人
宇宙的垃圾堆—恒星的火候—天空中最结实的东西

参宿七星明烛宵，两肩两足三为腰*

参宿从 12 月的黄昏在东方出现，要到次年 5 月的黄昏才在西方下去。在此期间内，参宿始终是我们夜晚星空中最辉煌醒目的一个星座。2 月傍晚，它在正南方的半空中出现。4 颗大星构成一个长方形，里面有 3 颗星斜放着。这整个的图形，中文名就叫参宿，西文名叫猎户座。我们如果从昴宿向毕宿画条直线，延长出来，刚好穿过猎户座的中间。在 2 月里，它正和我们已经熟悉的五车五边形，隔着天河互相辉映。这个星座不但式样雄伟，而且还流传着许多动人的故事。

猎户座图

* 引自《西步天歌》。

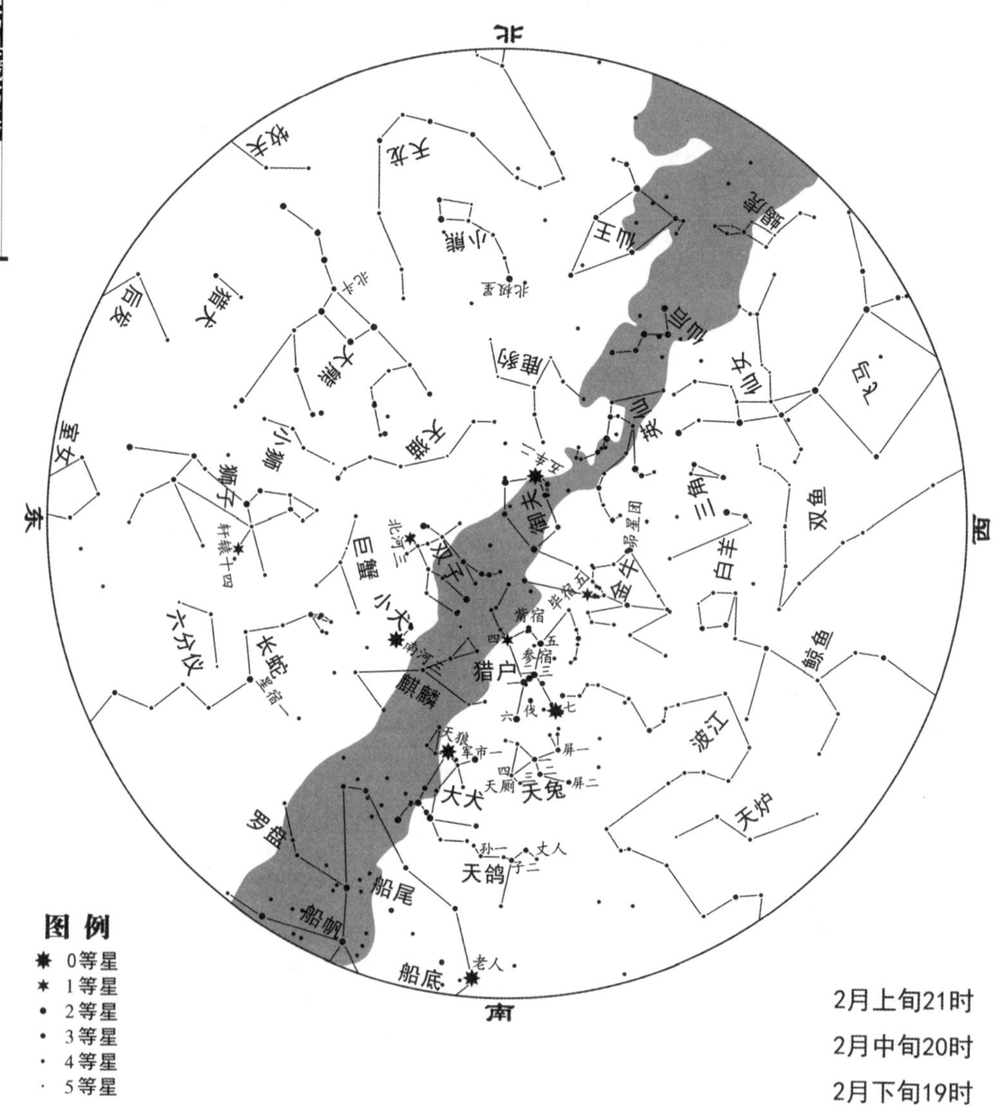

2月星空图

参宿右肩那颗发红光的大星，叫作参宿四，学名猎户第一星。参宿的左脚，发白光的那颗大星，叫作参宿七，学名猎户第二星。它与参宿四是两颗极其著名的星。它们正处在恒星演进过程中两个完全不同的阶段上。参宿七是最亮最热的恒星之一，正处于一颗星的存在过程中活力最旺盛的时期，也可以说是年轻力壮的时期。而参宿四呢，恰和它相反，看它那发光的样子就有些暮气沉沉，象征着衰老——事实上它确实患着一种不规则的抽搐病，时而膨胀，时而收缩。它是一颗不规则的变光星，据说因为它本身的体积有变化，它的光度才发生变化的。

参宿四是第一颗被测定出大小的恒星。是1920年美国威尔逊山天文台的皮斯（Pease），用迈克逊（Michelson）制造的6米的光学干涉仪测定的。在当时，这颗星真大得惊人：当它最大时，直径比太阳大1000倍；最小时，也有800倍。太阳的直径比地球大109倍，地球的直径是13000千米。参宿四的直径究竟有多少，请你自己去算一下。

如果把地球缩成棒球那样大，那么参宿四便是一个直径大于3千米的皮球。参宿四的直径比火星轨道的直径还要大，因此，太阳可以带着水星、金星、地球、火星，一同到参宿四上面去绕圈子玩，空间还绰绰有余呢。本页的图可以充分表明它的大小。

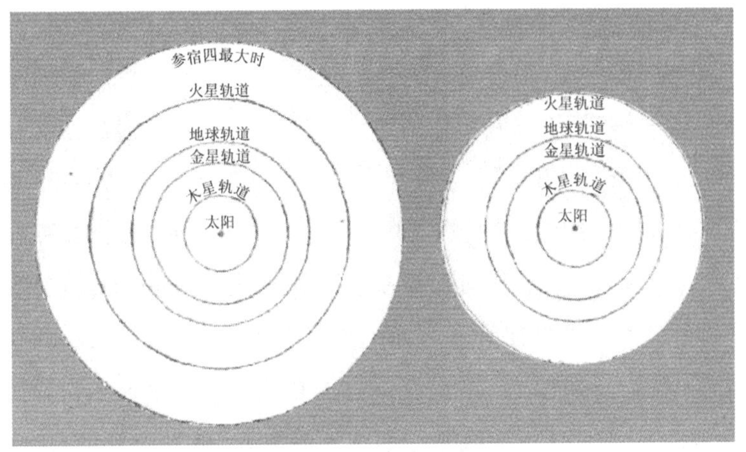

参宿四（左）与太阳系（右）的比较

参宿四离我们约有 600 光年。它体积虽大,但它的密度却和真空差不了多少,平均的密度只有空气的千分之一,因此我们大可以称它为一个“光的世界”。因为它的体积太大,所以它实际上发出来的光比太阳的强 7 万倍。

让我们再来看看少壮的参宿七吧。它的直径只有它的老大哥参宿四的 1/10，可是比太阳要亮 11 万倍——是我们所知道的最亮的一颗星。它距离我们有 850 光年。太阳跟它正以每分钟 1300 千米的速度互相分离开,但是你用不着担心它会消失在我们的星空中,因为这个速度比起那个遥远的距离来,实在是渺小得不足道的。

猎户座大星云

要讲讲猎户座大星云了。参宿给我们看到了一颗可说是宇宙间最大的星体，又看到了一颗宇宙间最亮的星体。现在我们把眼光转移一下，去看一个从肉眼看来可以说是相当远的东西。在猎户腰带下面有 3 颗差不多连在一起的星,叫作“伐”,如果仔细去看中间的一颗,你会觉得它不像一颗星,而是一个光色很模糊的小斑点,好像雾气一样,那就是猎户座大星云。要是用小望远镜去看,可以看得更清楚些。这些像云似的东西,就是我们银河系里的灰尘。原来不但我们所住的这个世界是一个尘世,就是我们所处的这个宇宙,也遍布了“凡尘”。可是灰尘怎么会亮的呢？那情形正同在一束光线过路上所见的灰尘,它们是被在它们中间或是附近很亮的恒星所照耀而发光的。实际上,整个参宿都蒙在这种所谓星气里面,不过在伐星那儿更显得稠密罢了。可是在另一方面，参宿里面还有一些没有被照明的灰尘,所谓黑暗星云,如“马头星云”——这类东西在银河里很多,有时我们看见的一些黑色无光的地带,就是它们密集的地方,就是垃圾堆。这些不规则的星云又叫“弥散星云”,全存在于银河里,所以又叫“银河星云”,也有称为“气体星云”的。猎户座大星云离我们大约有1500光年——肉眼所见最远的东西是仙女座大星云，有250万光年。这一小堆斑点你可千万别看不起它，它在空中散布的范围非常之广，其中最亮地方的直径有6光年之宽。

猎户座的黑暗星云，名“马头星云”，在参宿一下面，由“星尘”或“星烟”构成

参宿无论中外，在古时都是用来定四时的。《礼记·月令》上说“孟春之月，……昏参中”，就是说初春的傍晚，参宿在正南方出现；春天已经来了，大家准备耕种的事吧。又《大戴礼记》：正月“初昏参中”，三月“参则伏”，五月“参则见”，八月“参中则旦”。伏是看不见，旦是早晨的意思。在西洋古罗马时代，人们看见它一早从东方出来，就知道夏天已经到了；后来，又用它来做雨季风季的征候；当它在半夜出现的时候，大家知道该是收获葡萄的季节了。

参宿一的位置恰巧在天球赤道上（天球赤道就是地球赤道面的展开）。参宿的北面是日月行星常经过的地方，所以《观象玩占》说：“其左肩北二尺，为日月五星中道。”

恒星的颜色和温度有密切的关系。发光体的颜色正是它表面温度高低的结果。“赤热”“炽热”“青出于蓝”等等字眼，一方面固然是表示火色，另一方面也正是表示“火候”。同样地，恒星的颜色也可以透露它们表面的温度。红色星表面温度最低，2000 ~ 3500℃，如参宿四。橙色和淡红色的其次，3500 ~ 4000℃，如毕宿五。黄色星，5000 ~ 6000℃，我们的太阳和五车二属这一类。白色星，6000 ~ 8000℃，如南河三和老人星。再以上是蓝色星和紫色星，表面温度8000 ~ 20000℃，如天狼、织女、参宿七。最热的星可以到50000℃以上，最冷的星大约有1650℃。恒星内部的温度比表面的要高得多，据估计，中心地方可达几千万度之高呢。

参宿里面有几颗星的表面温度都是非常之高的：猎户右足的参宿六，左肩的参宿五，以及腰带上的三颗星都是20000℃以上的蓝色星。而在猎户座大星云中的那颗伐星更热，它的表面温度差不多有30000℃，它是由四颗星构成的四聚星，以上几颗星比我们太阳都要亮好几千倍。

恒星的颜色并不是一个很科学的分类标准。天文学家是采用恒星从分光镜中所表现的光谱特性，将他们分成一类一类，因为这样分类更可靠而准确。

关于参宿，我国有一个极著名的故事，那就是所谓"参商不相见"的故事。《左传》上说：从前高辛氏有两个儿子，老大叫阏伯，老二叫实沈。这两个兄弟简直是死对头一样，整天地动干戈，互相征讨，骚扰得老百姓痛苦万分。结果尧便强迫他们分开，把老大安顿在商丘地方，老二安顿在大夏地方，使他们永远不能见面，天下这才太平。老大就是商星，也就是心宿，老二就是参宿。所以现在这两个星宿从不会在天空相见：当心宿上来时，参宿下去了；当参宿上来时，心宿下去了。

觜宿三星参车间，其西参旗九星连

在参宿两肩之上，正中地方，有三颗小星连在一起，恰好在五车和参宿之间，就是二十八宿之一的觜宿，也是属于猎户座的。月亮有时候就钻进这三颗小星里面住一下，你以为钻不进去吗？那完全是幻觉。参军手上拿的一面旗子，也就是猎户手上拿的一块狮皮，是由九颗小星排成的，紧接在参宿的西边，也是属于猎户座的。

参觜二宿是西官白虎的头。

举长矢兮射天狼，操余弧兮反沦降*

这是屈原痛恨当时豺狼当道，忧虑国将不国，满怀悲愤之情所唱出的两句诗。他把天狼星代表那帮误国害民的权臣，立誓要与他们搏斗到底。

从猎户的腰带向下画条直线，延长下去，第一颗碰到的大星就是天狼，西文名大犬第一星。2月夜晚南部天空那颗最亮的星便是它。它是我们看去最亮的恒星。

天狼也是我们北半球上所看到的亮星中最近的一颗，离开我们只有8.6光年。比天狼更近于我们的恒星，连太阳计算在里头，也不过8颗(除了太阳，最近的是4光年)。如果把天狼和太阳放在同样距离上，那么它要比太阳亮27倍。它放出来的热差不多也高同样倍数。如果叫天狼来做我们的太阳，那么地球上所有的江河海洋连同两极的冰雪早就沸腾起来，化为蒸汽跑掉了。天狼的直径比太阳大不了1倍，质量相当于太阳的两倍半，它的表面温度是1万℃，它是哈雷最初发现恒星并不是不动的结论所根据的三颗星之一(另两颗是毕宿五和大角)。它自己的运动每年向西南移动1.3角秒的样子，在1400年里可以移动一个月盘那样大的角度。

大犬座图

古罗马人称天狼为“犬”星。这一点与我国古人不谋而合，很有趣。当它早晨和太阳一同上升时，正是一年里最热的时节，因此英国人到现在还称呼这时

* 引自《楚辞》。

为“Dog-days”。当它出现时埃及正当是尼罗河开始泛滥的时候,因此拿它当作丰收的象征。

天狼和参宿四以及小犬座的南河三,形成一个很大的等边三角形。这是辨认小犬座与南河三顶好的方法。

弧矢在哪儿呢?弧矢就是屈原所指的弓和箭,在天狼下面,由9颗星构成,其中4颗比较亮些。东面一部分是属于船尾座的。

弧矢射天狼图

讲讲天狼伴星发现的故事。平常发现双星的方法,无非用望远镜去观察,看那些星紧密地联在一起,然后再进一步研究。天狼双星却是根据“计算”发现的。远在1844年,德国天文学家贝塞尔(Bessel)就发现在过去50年里,天狼的行动很不规则,是一条近于波浪形的轨迹,因此他说:“如果我们把天狼看成是颗双星,那么它的运动就用不着奇怪了。”他以为天狼和一颗伴星绕着它们的重心运动,所以产生了行动的不规则现象。在这里,万有引力看到了望远镜所没有看到的东西。几年之后,彼德斯(Peters)更进一步分析,认为它有一条50年周期运行的轨道。1862年美国著名望远镜制造家克拉克(Alvan Clark)在试验他那新造的18英寸(1英寸=2.54厘米)反射望远镜,偶然对着天狼一看,就证实了贝塞尔的预言。这是一颗7等星,现在已能很精确地测绘出它的轨道,它距离天狼恰如天王星和我们太阳的距离,每绕行一周是49年。利用人类的智慧之眼,利用万有引力的计算,完成另一重大天文发现的便是1846年海王星的发现。

再要讲到宇宙间密度最大的东西之一——天狼的伴侣。宇宙间真是无奇不有，天狼是颗双星，双星并不足怪，奇怪的是它那颗伴侣怎么会那么重的，更奇怪的是它们怎么会结成一对搭档。那伴侣的质量相当于天狼的1/3。直径只比地球大3倍，然而它的质量却比地球大25万倍。太阳的体积比它大5万倍，然而质量只比它大15%。我们可以想象到——其实是无法想象的，在它上面的物质一定是挤得不能再挤了。从它的体积和它的质量，我们求出它的相对密度是水的3万倍（太阳的平均密度只有水的1.5倍）。比地球上相对密度最大的白金大1000倍。它上面的物质只要一个小酒杯那么大就有1吨重，会压得我们挺不起来。一个72千克重的人，如果到天狼伴星那儿去，他的骨头全要被他自己的重量压成粉末，因为那时他的体重已经增加到4200吨了——重力大小是和质量多少成正比的。天狼伴星的质量那样大，体积却那样小，它所产生的表面重力当然是惊人了。

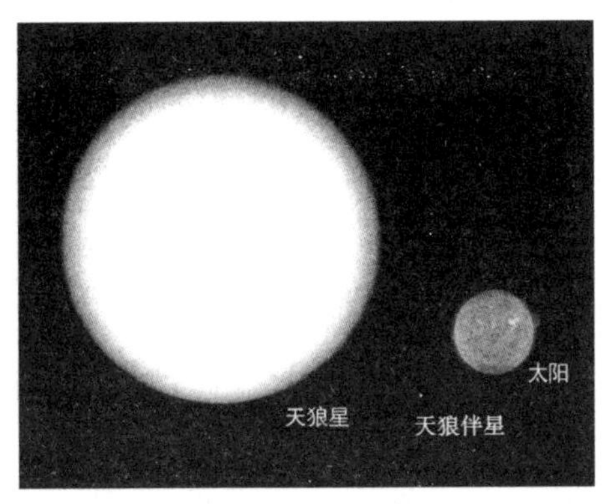

天狼和它的伴星与太阳大小的比较

天狼伴星的密度怎么有这样大，这一直是天体物理学中一个有趣的问题。这问题恐怕只有靠原子物理的研究来解决。现在我们都知道：原子是由原子核和核外的电子构成的。整个原子的质量可以说完全集中在核上面。而原子核所占的体积只是整个原子体积的亿兆分之一。如果用同位素的发现人阿斯顿（Aston）的话来打比喻，就是假定最简单的原子核（就是氢核）像一粒大点的豌豆，在它外面绕着转的电子假定是颗小豌豆，那么这颗小豌豆就在大豌豆400米的地方绕着转。因为有那个电子阻挡着，在这个以大豌豆为圆心以400米为半径所画的球形里，任何东西都不能存在，都放不进去，如果把那颗小豌豆和大豌豆挤在一起里去，那么所有的大小豌豆不是可以一颗一颗堆起来了吗？这样一颗一颗堆起来，便可形成一个比原来东西的密度要大到万亿倍的东西。但是天狼伴星的密度还远没有大到这个地步，恒星到了天狼伴星的演化阶段，由于内部没有了热核反应，恒星开始坍缩，坍缩时原子互相挤压，原子核之间挤满了电子，靠这些电子互相排斥支撑，这些大小豌豆才没有完全挤在一起，也保持了电子没有挤进原子核中去合并，不过毕竟电子和原子核间的距离被压缩得非常近，所以恒星的密度也就非常大了。

天狼伴星不但重，而且亮——可惜的是肉眼看不见。它发白光，像这样又小又亮的星叫作“白矮星”。而参宿四、毕宿五那样的星便叫作“红巨星”。大约有3%～10%的恒星是白矮星，它们都是密度很大的星，有的甚至比天狼伴星的还要大。像波江座的九州殊口增十一（o_2-Eridani B）密度是水的64000倍；而凡马年星，据金斯（Jeans）说密度有水的30万倍。也有说可能到好几百万倍。一颗樱桃那样大的物质可以有1吨重！甚至于比天狼伴星的密度还大千倍的星都有人发现过。

从密度极稀的红巨星到极大的白矮星，这是恒星行列中的两个极端。大多数的星都是中间分子，和太阳相差不远。有人会站在发展的立场说：白矮星的密度之所以那样大是因为它的年纪太大了，已经没有足余的精力去维持一个庞大的体系，因此它就萎缩了，于是体积缩小而密度便增大了。（恒星密度是从它的体积和质量算出来的。关于质量，详见“7月的星空”。）

猎户下面有六星，东为天厕西为屏

从参宿五向参宿七画根线延长下去，碰到两颗星叫作屏。从参宿四向参宿六画根线延下去，便遇见一个不规则的四边形，两颗亮些，两颗不大亮，那便是天厕。天屏就算是天厕的屏风。这几颗星全属于天兔座。天厕二是颗三聚星，那两颗星都极小，肉眼看不见。

天兔座图

孙子丈人市下列，各立两星从东说*

市就是天狼旁边的军市。军市下面的两颗 4 等星叫作孙。孙的西面有两颗星叫作子。子旁边有两颗星叫丈人。子和丈人这四颗星合起来就是天鸽座，它们恰好在天兔座下面。这些星离南方地平线已很近，要仔细看才看得清楚。

有个老人南极中，春入秋出寿无穷*

南极老人星是恒星中视星等仅次于天狼的大星。在北纬 35° 以北地带的人很难看到。在北纬 30° 以南地方看它，离南地平线大约有 7°，在 25° 的粤江流域看它，离地面有 12° 左右。它在天狼的南面，略为偏西。从参宿七那颗大星向天厕画根线，通过天鸽座延长出去，碰到的第一颗大星便是它。或是从军市一向孙增一延长 1.5 倍也可碰到它。它在秋末冬初的半夜里出现于正南，因此在冬尽春来时是黄昏时出现。老人星属于船底座，它的距离有 310 光年。光度是太阳的 1 万倍左右。在过去占象上，认为老人星的出现显示天下太平，皇帝万寿无疆的意思。现在是民主时代，皇帝早就没有了，那么它的出现，一定是象征安居乐业丰衣足食的时候，就要到来了。

《鹖冠子》上说：“斗柄指东，天下皆春。”东北方地平线上的北斗已经慢慢起来了，你看它的斗把子不是东指了吗？冬天毕竟就快过去，春天就要来了。

* 引自《步天歌》。

3 月的星空

北河—井宿—南河—鬼宿—柳宿
恒星有多亮

朱雀高吟艳阳春，井鬼柳星张翼轸

《史记·天官书》上的南宫朱鸟，是井、鬼、柳、星、张、翼、轸七个星宿，现在差不多已全部排列在南天，好像歌颂春天的来临一样。这七个星宿连

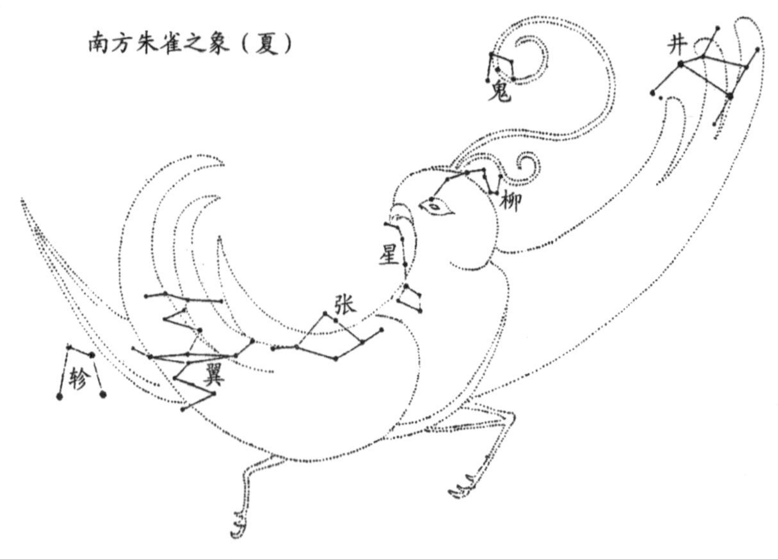

南宫朱鸟——根据高鲁《星象统笺》

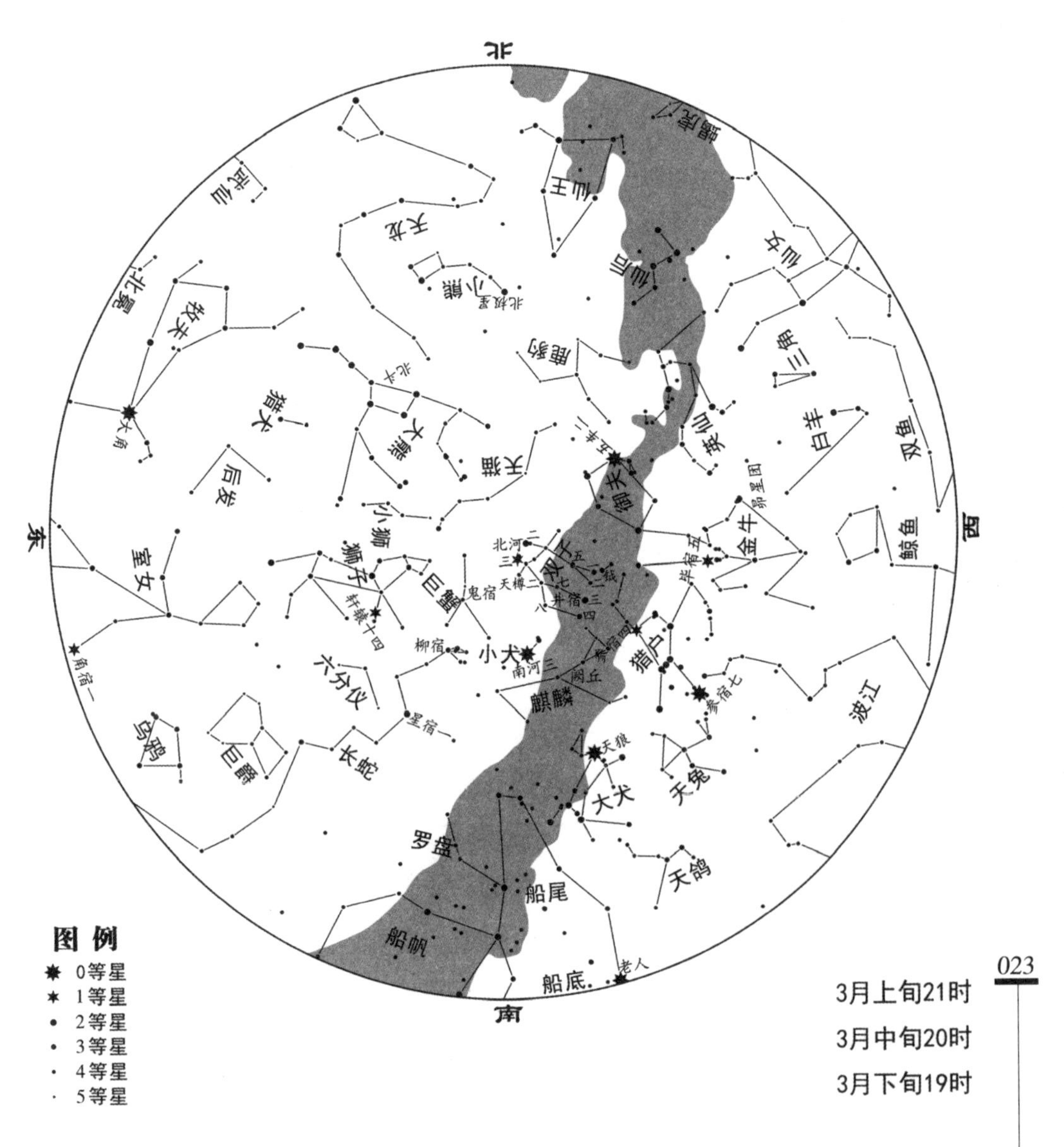
北
南
东
西
天龙
小熊
北极星
仙王
仙后
蝎虎
仙女
英仙
三角
白羊
双鱼
鲸鱼
金牛
毕宿五
昴星团
御夫
五车二
鹿豹
天猫
大熊
北斗
猎犬
后发
牧夫
大角
北冕
武仙
室女
角宿一
乌鸦
巨爵
长蛇
六分仪
狮子
轩辕十四
小狮
巨蟹
鬼宿
柳宿
星宿一
小犬
南河三
双子
北河二
北河三
天樽二
井宿三
麒麟
阙丘
猎户
参宿四
参宿七
天兔
大犬
天狼
天鸽
波江
罗盘
船尾
船帆
船底
老人
图例
0等星
1等星
2等星
3等星
4等星
5等星
3月上旬21时
3月中旬20时
3月下旬19时

3 月星空图

起来一点儿也不像一只鸟，正如外国星座，也很少有名副其实的，只不过帮助我们记忆而已。本月份我们讲前面三个星宿，其余留待以后两个月去讲。

双子辉艳天河边，北河遥指参右肩

北纬30°左右的地方，3月里，差不多近天顶的那两颗大星便是北河。其中顶亮的那一颗叫北河三，紧接在它西北方的叫作北河二。这两颗星都在参宿和五车的东面。北河三和五车二、参宿四联结成一个大三角形——这个大三角形的西部正是天河流过的地方。它们是初春夜晚辉映于北半球星空的两颗大星，利用上面所说几颗星的相互位置，很容易把它们辨认出来。

双子座图

北河二西文名卡斯特(Castor)，是双子第一星。北河三西文名波鲁克斯(Pollux)，是双子第二星。希腊神话上，波拉克斯和卡斯特二人是雷电之神的一对双生子，专司保护航海安全的两位神明，于是希腊人就用天上的这两颗星纪念它们，而把这两颗星附近的一些星统称为双子座。古埃及用一对吸奶的小孩来代表这个星座，到了希腊时代，用上面那一对孩子来代表，在阿拉伯是用一对孔雀来代表的。

最初用北河二和北河三来代表双子座的时候，这两颗星可以说是名副其实的一对双生子——它们的光辉是一样亮的。可是到了后来，不知为了什么缘故，这两颗星不一样亮了。到如今北河二已退居为2等星，北河三却仍旧是颗1等大星。它们的光色也不一样：前一颗是白色的，后一颗是淡橙黄色的。

北河二是一颗非常有趣的星。只要用小望远镜对着它看，就可以看出它是一颗双星，两颗星相距只有6角秒远。其中一颗星比另一颗星约亮1倍。一颗比太阳亮11倍，另一颗比太阳亮23倍。两颗星合起来的重量比太阳重5.5倍，离我们约有50光年，以340年的周期绕它们共同的重心行1周。这是1803年，天王星发现者威廉·赫歇尔(William Herschel)第一个观测出有公转的双星系统。它们的距离是冥王星与太阳距离——即太阳系半径的两倍。后来利用分光镜发现那颗光度较弱的星也是一颗双星，每隔3天互相被蚀1次，轨道的半径有290万千米。到后来用分光镜发现那颗光度较强的星也是一颗双星——真是巧极了，公转周期是9天的样子。这样一来，北河二便是一个由4颗星构成的系统了。可是巧事还在后面呢。后来由望远镜又发现了另一颗星，距离它们大约1角分，呈微弱的红光，也是属于这个复杂系统里的，偏偏这颗弱星也是个双星系统，彼此公转周期只有20小时，这两颗星各方面都差不多一样，它们的直径都比太阳的一半稍大，而质量也都只有太阳的一半。于是看起来不过是颗普通亮星的北河二，却是个由六颗星构成的复杂系统，每颗星绕着它们共同的重心，差不多以1000年的周期转1周。

北河三也是由六颗星构成的一组，不过它比北河二简单得多。它离我们有32光年远。它是航海九星之一，水手们凭借这九颗星可以很准确地测出航船所在位置。

从北河联到井宿东半部很像一个横倒着的英文字母Z。

井宿八星河中列,近水楼台好望月

在参宿四和北河中间有8颗星,连起来恰像一座水井,横卧在天河上面,这便是我国二十八宿之一的井宿。在参宿四和北河三两星之间较亮的一颗星,便是井宿三,将北河二、北河三两颗星和井宿三连起来,恰好形成一个细长的等腰三角形;也像一个木楔,木楔的尖端直指参宿。在月明星稀之夜,井宿其余几颗小星不大容易看见的时候,这是找井宿最好的方法。从五车二向五车四划一直线,延伸1倍距离所碰到的一颗3等星,是井宿五。

井宿是《史记·天官书》南宫朱雀七宿的头一个星宿。太阳的轨道(也就是黄道)恰好从井宿上半截斜穿过去。距井宿一西面不远的一颗星叫作钺,太阳轨道的夏至点就在它的右上端。每年春分以后,太阳便逐渐北移,那时北半球昼长夜短,而当6月21日或22日走到夏至点时,太阳便停止北移,那时北半球昼最长,夜最短,居住在北纬23.5°地方的人看见太阳正当头顶,那时便是我们所谓夏至的时候。月亮的轨道以及其余行星的轨道,和太阳的轨道倾斜得都有限,可以说差不多在一个平面上;所以太阳走过的地方,月亮和其余的行星也都差不多要走过的;这也就是说黄道附近的星座也是月亮和行星出没的地方;井宿和北河附近因此成了日月行星的交通要道了。这一段地带便是黄道十二宫的双子宫所在地。井宿和北河合起来便是双子座。

井宿七是一颗规则的短期变光星,变光周期是10天3时43分。它的构造极其单薄,平均密度只有地球大气的1/10。

在钺的上方,和它距离井宿一相等的地位,有一个星团,叫作M35,在晴朗的夜晚,肉眼可以模糊地看见。这个星团包含有500颗以上的小星。整个星团的直径有25光年,距离我们地球2800光年。

双子座在天文学上还有一个极著名的事件，必须在这儿说明一下，那便是过去称为太阳系第九大行星的冥王星就是在这星座里发现的。冥王星是 1930 年春季被克莱德·汤博(Clyde Tombaugh)在美国罗威尔天文台用摄影方法发现的。关于汤博这个为穷困所迫的种田小孩，怎样努力地自学，终于在他 24 岁时发现了冥王星，这一段故事，在《中学生杂志》里曾经有过一篇动人的描写。冥王星就是在井宿七东面的那颗天樽二旁边发现的。

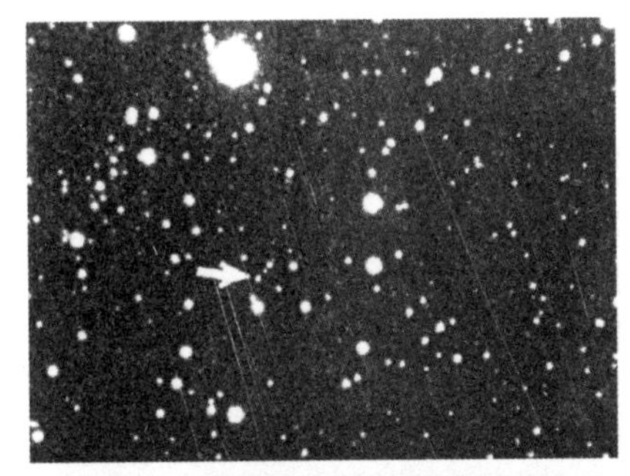

冥王星运行——左上端的大星就是天樽二

两河天阙为关梁，南河天狼遥相望

我们在“2 月的星空”里曾经提到参宿四的东面有一颗大星叫南河三的，和参宿四与天狼连起来成为一个大等边三角形。南河三不仅隔着天河和参宿四遥相呼应，也隔着天河和在它西南的天狼相呼应，而且还和在它北面的北河相辉映。这几颗大星，再加上五车二，便形成我们冬末春初夜晚星空最美丽最辉煌的一个“群英会”。这是一年间星空中同时出现大星最多的时候。

“两河天阙间为关梁”，是《史记·天官书》上的话。两河指南河与北河，在它们中间是日月五星所必经的地方，因此叫作“关梁”。黄道就在南河与北河之间穿过。假如我们发现有些光辉不闪的大星在这地带左近出现，而这些大星又为恒星图上所没有的，那便是行星无疑。前面所说的天樽二恰好位于黄道上。

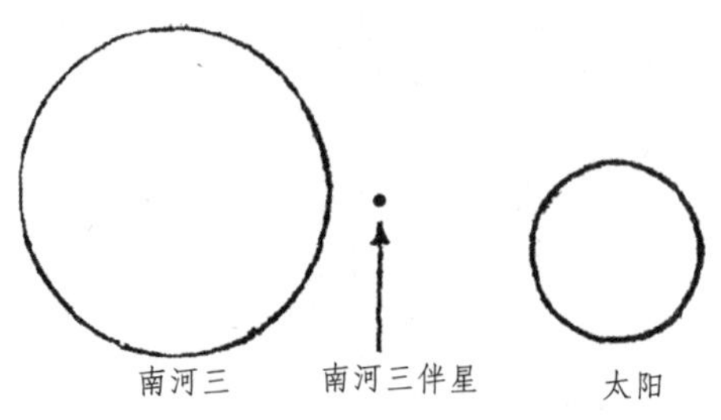

南河三和它的伴星与太阳的比较

南河三和在它的西北的南河二都是属于小犬座的。南河三可以说是我们的一个近邻，距离我们只有11.5光年。从我们这儿看去它之所以那么亮，纯然是距离近的缘故。它的实际光辉不过是太阳的7.5倍而已。假如把它放到北河二或北河三的距离上去，它便是个微不足道的小星星了。它的直径是太阳的1.8倍，质量比太阳的大24%，表面温度是8000℃。

我们在讲天狼的时候，会说到它有个最奇特的伴星，那是个比水重6万倍的东西。贝塞尔研究了天狼运动的不规则性，说它就是由于这颗伴星的拖拖拉拉（万有引力），而耽误了行程的。他同时也提出南河三也应当有一颗伴星存在。原来南河三也是一颗自行很大的恒星，因为它距地球非常近，每年自行的度数和天狼差不多，有1.24角秒。虽然测量得非常准确，但是它也和天狼一样不准时来到哥尼斯堡天文台的子午仪中（子午仪就是对准天空子午线放置的小望远镜，专用于测量恒星过子午线的时间），于是人们断定它也有一个伴星在后面拖拖拉拉。可是这颗伴星不像天狼伴星那样容易找到，一直到1896年才被美国的利克天文台发现。它的星等只有10.5等，比天狼伴星弱得多。这颗星太暗淡，所以它的光度是南河三的万分之五，质量是太阳的60%。和天狼伴星一样，这也是一颗“白矮星”。

南河三、北河三、北极星，这三星差不多在一条直线上，利用这一点我们可以很快找到北极星——小熊座的勾陈一。

鬼宿四星狮子西，中间一团积尸气

狮子座西面和双子座东面，便是巨蟹座的所在。这个星座里肉眼见得到的都是一些很小的星星，其中和北河三、南河三差不多成一个正三角形的，有四颗很小的星，连起来像一个小四边形，那便是鬼宿。在这个小四边形里有一个疏散星团，在清朗的夜里，肉眼望去是一片模模糊糊的雾状斑点。这个星团我们古人称它为“积尸气”，外国人称它为“蜂窝”——用小望远镜看，可看出有三四十颗小星。首先发现这些星的是伽利略（Galileo），他最初以为“积尸气”不过是一颗星，用了他自制的望远镜看了以后，发现居然是这么多颗星构成的，不禁大为惊讶。这也是天文学上的一个大发现。

在鬼宿西面，紧靠着它的一星，学名叫ζ-Cancri，中文名水位四，是一颗最奇怪的聚星。它由两颗5等星构成，彼此相隔1角秒，以60年的周期互相绕行。另有一颗5等星在它们附近，以相反的方向绕着它们共同的重心而行。后来又发现这颗背道而驰的怪物是另一颗看不见的星体的卫星，它以1/5角秒的半径，17.5年的周期绕着它转。而这两颗东西又同以六七百年的周期，绕着前面两颗星转。

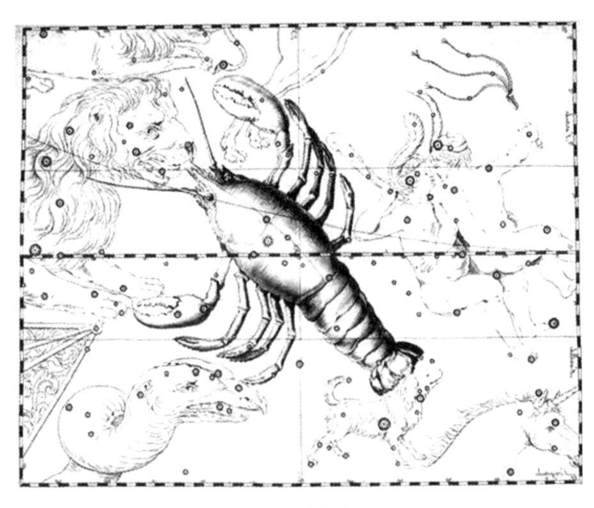

巨蟹座图

2000年前的夏至点在巨蟹座，因此北回归线的英文名字叫作The Tropic of Cancer。Cancer就是巨蟹座的学名，意思就是说太阳沿着回归线向北走（实际上当然是地球在运动），一直走到巨蟹座为止，这便是夏至，然后再转向南移。可是由于地轴变动的关系——我们称这个影响为岁差，夏至点每年向西移50角秒，所以到现在，夏至点移到双子座去了。岁差详见“6月的星空”。

巨蟹座也是黄道十二宫之一，因此也是日月行星时常出没的地方。巨蟹座附近都没有大星，除了它西面的北河三和它东面的轩辕十四，所以假如你看到有什么很大的星在这儿出现，那一定是行星无疑。

长蛇柳宿垂条条，窈窕风前迎春早

在鬼宿的下面，有散布较开的一丛星，那便是长蛇座的柳宿。柳宿在南河三之东，和北河三与南河三成直角三角形。长蛇座是一个极长的星座，东西绵延100多度，柳宿便是蛇头。《史记·天官书》上所说的南宫七宿是井、鬼、柳、星、张、翼、轸，中间三宿都属于长蛇座，柳宿便是朱鸟的嘴。《尔雅》上有“鸟喙谓之柳”的话。

麒麟座又名独角兽座，是天狼和南河三间的几颗小星。靠近南河三的两颗叫阙丘，在井宿下面的一排四颗叫四渎。

顺便我们把星的等级和亮度(光亮的程度)讲一下。天文学家根据星的亮度把它们分成许多等级，如1等、2等……比1等星还亮的是0等，比0等更亮的是－1等、－2等……古代希腊天文学家将肉眼所见最亮到最弱的星分为六等，后来的人发现1等星比6等星亮100倍，于是就求100的5次根，$\sqrt[5]{100}=2.512$。这意思就是说相邻两等星之间，亮度相差约2.5倍：1等星比2等星亮2.5倍，2等星比3等星也亮2.5倍……随着仪器的改进与观察的需要，星的等级也扩大了，从－26等一直到＋30等。而每一等之间的等级也分得更细了：像什么1.2等，或是4.5等……目前可以观察到最弱的星是30等，要用哈勃太空望远镜经过长期曝光才能照下来。往亮处看呢，像参宿四、毕宿五、北河三，都是1等星，五车二、织女，都是0等星，天狼是－1等星，金星顶亮时有－4等多，月亮是－13等，太阳是－26等。1等以上的大星只有20颗，最亮的是天狼。其中能为我们北半球居民看得见的不过16颗。肉眼所见最弱的星是6等星。以上我们所谓的星等叫作“视星等”，只是表示它们对于肉眼所见的亮度而已，并不能表示它们真正的亮度，即所谓“实光辉”。一颗星可能本身是非常亮的，然而因为很远很远，所以就显得不亮了。反之，一颗星本来不大亮，可是因为距离我们很近，所以就显得非常亮，如月亮便是。因此我们不能根据视星等去断定一颗星真正的亮度。如果我们要比较它们真正的亮度，应该把它们全放在同一距离上，然后再比较它们的视星等。这样得到的星等，叫作“绝对星等”。这个距离现在公认为在 32.6 光年上——为什么要选这么一个奇怪数字来做亮度比较的标准距离，请参看“4 月的星空”。这样一来，我们这个不可一世的太阳，光芒可一落千丈，成为一颗绝对星等近于＋ 5 等的小星了。但是你也不要因此而失去骄傲，因为绝对星等在太阳之下的还不知道有多少颗呢！原来是 0 等星的参宿七，现在就成了一颗绝对星等极大的星了，是－ 5.8 等。因此我们算出它的光比太阳要亮 11 万倍。绝对星等在太阳以上的星远较在太阳以下的少。每存在一颗－ 5 等星，就有 4 万颗像我们太阳一样亮的＋ 5 等星存在，有 25 万颗＋ 15 等的小星星存在。绝对星等不同的恒星存在的相对数目如表（根据 R. H. Baker:Astronomy, 1946）。

绝对星等不同的恒星存在的相对数目

绝对星等	亮度	相对数目
-5.0	10000	1
-2.5	1000	50
0.0	100	2000
+2.5	10	10000
+5.0	1	40000
+7.5	0.1	50000
+10.0	0.01	100000
+12.5	0.001	200000

从这个表上我们可以看出恒星的绝对星等，也就是真正的亮度，相差得非常之大。但是假如把两个极端的情形来看一下，你要觉得天地之间真是无所不包了。真实亮度最大的星是南半球的剑鱼 S（S-Doradi），比我们太阳亮 50 万倍。再看亮度最小的一星在狮子座，叫沃尔夫 359（Wolf 359），它只有太阳的五万分之一亮。你不妨算算它们相差多少倍。假如剑鱼 S 是一座照耀航船的最大灯塔的话，那么沃尔夫 359 连个萤火虫都不如，而我们太阳不过是一支普通

的蜡烛而已。假如我们的太阳一下子振作起来，要向前者看齐，发出同样大的光与热，那地球连同在它上面的每一个东西，温度都要上升到7000℃，我们和地球全要“原子化”了！在另一方面，假如太阳哪一天忽然不高兴，它要怠工的话，只放出像沃尔夫359一样的光和热，那我们在赤道上的居民，在中午日当顶时所受的热，只像一团煤火放在1.5千米远那样；我们全要冻得像石头那样硬，变成极顽固的分子，浮沉在四周的液体空气里。太阳变成剑鱼S那样作威作福的可能性据现在看还没有，但是请假设一下，像沃尔夫359那样不振作的可能却不全然是幻想。好在它目前还没这一种倾向。想到这一点，我们生活在中庸之道的太阳系里，实在是太幸运了。

绝对星等只能告诉我们这颗星比那颗星亮多少倍，只告诉我们恒星之间真实亮度的一个“比值”，到底它们的真实亮度是多少，绝对星等并不能直接告诉我们。但是假定我们知道其中一颗星，比如说太阳的真实亮度，那么我们就可以根据它们的比值，把真实亮度求出来了。亮度的单位是“烛光”，于是我们就可以知道这些星有多少烛光了。太阳的亮度是3230亿亿亿（即3.23×10^{27}）支烛光，从这个数目我们可以算出别的恒星有多少支烛光了。

绝对星等大的星，也就是真实亮度大的星。从0等到－2等的星，有人给它们个外号叫“巨星”，如五车二。绝对星等小的，在5、6等以下的叫“矮星”。绝对星等特别大的星就叫“超巨星”，如参宿四、参宿七、心宿二等，它们也实在是“名副其实”的巨星。恒星巨矮的区别最初就是这样来的，与它们的真实大小并无关系。绝对星等是天文学上最重要的一个数字，从它我们可以知道恒星表面上的情况，例如亮不亮的问题。质量越大的恒星，它的绝对星等也越大，于是我们又可以推出恒星的质量。利用恒星的光谱特性可以推测出它的绝对星等，拿绝对星等和视星等比较，我们可以推测出它们的距离：因为亮度是与距离的平方成反比的。许多恒星的距离就是这样定出来的。

本月内新从东方上来的星有牧夫座的大角，顺着北斗把子可以找到它。在它下面的是室女座。北斗和狮子座已逐渐移向天空中部，留待下月再讲吧。

4 月的星空

狮子—轩辕—星宿—张宿
流星雨——恒星的距离

镰刀到处无荆棘，银光辉舞狮子宫

时序已经流转到清明时节了。自然界的春天已真正来到人间。傍晚时分，举首仰望，在近头顶而略偏南的地方，可以看到有一把锐利的镰刀悬挂在天空中，刀柄向南，刀背向东而弯上。它好像在督促正从事春耕的农友加紧生产，又好像向人们昭示：为了爱护你的种子，为了使你的苗秧得到充分发荣滋长，你必须毫不留情地将所有的杂草刈除。

这把镰刀便是"狮子座的镰刀"。它构成狮子座的西半部，又好像是个反写问号"?"。当它每年 9 月初清晨从东北方地平线升上来的时候，刀口是向上的，那时它正好和农夫们手里拿着的、忙于刈割稻子的镰刀相媲美。往后它逐渐爬升上来，到经过子午线的时候，刀口是向右（向西）的，最后当它于 7 月半左右从西方下去时，刀口却是向下的了。这就算是狮子座镰刀舞的舞姿吧。

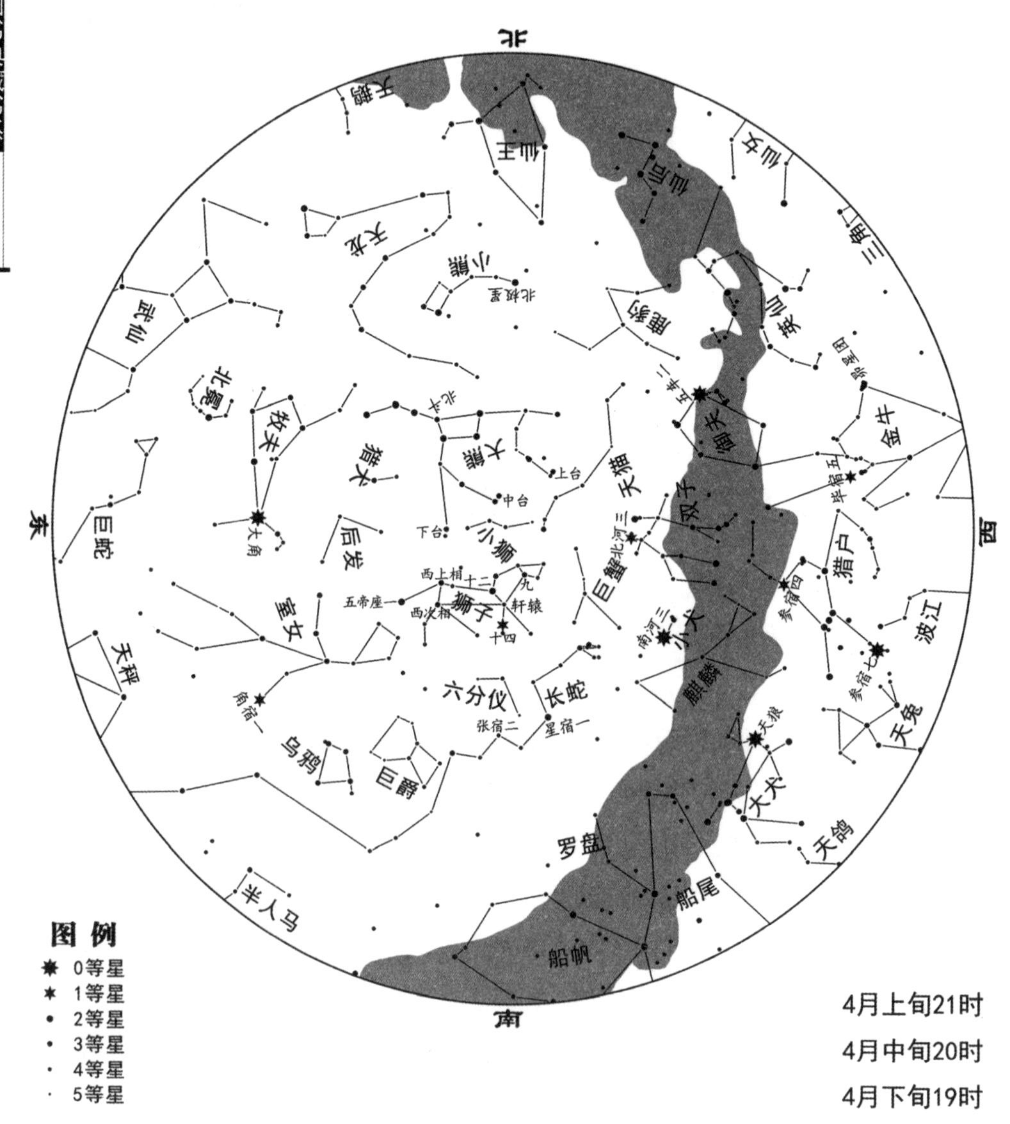
北
东
西
南
大熊
小熊
北极星
天龙
仙王
仙后
仙女
三角
英仙
御夫
双子
小犬
麒麟
大犬
天兔
波江
猎户
金牛
天猫
巨蟹
狮子
小狮
后发
猎犬
牧夫
北冕
武仙
巨蛇
室女
天秤
乌鸦
巨爵
六分仪
长蛇
罗盘
船尾
船帆
天鸽
半人马
北斗
上台
中台
下台
大角
角宿一
五帝座
西上相
西次相
十二
九
轩辕
十四
张宿二
星宿一
南河三
北河三
北河二
天狼
参宿七
参宿四
毕宿五
五车二
图例
0等星
1等星
2等星
3等星
4等星
5等星
4月上旬21时
4月中旬20时
4月下旬19时

4 月星空图

狮子座图

狮子座镰刀的中国名字叫作轩辕。镰刀柄的尖端那颗发白光的大星，叫轩辕十四，学名狮子第一星。它和它西面的北河三、南河三两星形成一个大的等腰三角形。这是一颗1等大星，距离我们有80光年，实光辉比太阳亮260倍。它的位置刚好在黄道上，因此在航海者辨认位置时，它是极重要的一颗星，也就是"航海九星"之一。其余8颗是毕宿五、北河三、北落师门、娄宿三、角宿一、心宿二、牛郎和室宿一。古代的观星者曾选它为"王者四星（royalstars）"之一。所谓王者四星也叫"坐星"，是指顶容易辨认的四颗大星。除了狮子第一星之外，还有三颗便是心宿二、北落师门和毕宿五。正因为轩辕十四恰恰在黄道上，它的附近便是日月和行星时常出没的地方，于是狮子座也便成了黄道十二宫的一宫了。假如有什么行星在狮子座里出现的话，我们如果不细心，便很容易将它们跟轩辕十四混在一起。碰到这种情形，我们只有利用"镰刀"来辨别了：轩辕十四是镰刀柄的下端，不在柄的下端的一定是行星。

在轩辕十四上面，光度较弱的那一颗星叫作轩辕十二。这是天空最美丽的一颗双星，普通的小望远镜就可以把它分开，一颗带绿色，一颗带黄色。轩辕十一是颗三聚星，而轩辕九另有两颗双星跟它连在一起。狮子镰刀也是和毕宿同样的一个星团，不过更散开些。

我们如果把狮子镰刀刀尖以上的几颗小星连接起来，便有一个曲折蜿蜒的图形。这便是整个轩辕的形式，它好像一条龙，《史记·天官书》便称它为轩辕黄龙体。顶上面那两颗小星叫轩辕一和轩辕二，是属于大熊座的，轩辕三和轩辕四是属于天猫座的，轩辕五和轩辕六却属于小狮座。再加上镰刀从中一斩，这条黄龙便四分五裂了。至于哪一段是头，哪一段是尾，就由你自己去揣度吧。

现在所知光亮最小的一星叫沃尔夫 359 的就在轩辕十六的旁边。它的实光辉只有太阳的五万分之一。最新发现在宇宙中广泛存在的“褐矮星”，光度只有太阳光度的百万分之一。

让我们再来看看狮子座的东半部。镰刀东面有一个小直角三角形。在尖端的那颗亮星中国古名叫五帝座一。这个三角形是狮子的尾巴，而五帝座一就是尾巴尖尖。我国古代除了将星空分作二十八宿以外，还分了三垣，即所谓“紫微垣”“太微垣”和“天市垣”。紫微垣是以西洋的天龙座作中心，天市垣是以蛇夫座作中心，太微垣就是以中国的五帝座一作中心的。这个垣的西半部就是狮子座的东半部，包括西上相、西次相——这就是和五帝座一结成直角三角形的那两颗星。此外还有东次将、东次相、常陈等。

1866 年 11 月 13 日狮子座流星群放射点示意图

这里让我们来谈一谈狮子座流星群。有时候流星成群地从星空的同一点放射出来，我们便以放射点所在的地位来称呼这个流星雨。有时候它们真像下雨一样地穿过星空，真可说是宇宙间的奇观了。我曾经看见一张流星雨的照片，好像是我们过年放的花炮一样，美丽极了。可是也正因为这样，所以引起古代无知识的人民的恐惧，以为是天要崩溃，世界末日要来了，甚至于有害怕得茶饭都不想吃、连觉都睡不着的——所谓“杞人忧天而废寝食”这句话，就是因星雨而产生的。狮子座流星雨是一个非常著名的流星雨。远在1000年前，《五代史・司天考》就记载过“长兴二年(931年)九月丙戌，众星交流。丁亥众星交流而陨”。而《辽史・本纪》上记载3年后的狮子座流星雨是“天显九年九月庚子，西南陨如雨”。科学的观察与记载开始于18世纪末年，在11月11—12日，4小时之内出现了好几千颗。可是最美丽的还是在1833年，当它到达最高潮时，有人描写说像飘雪一样。那次据估计每小时有1万颗流星。1866年格林尼治天文台有8个天文学家分工合作专事观察狮子座流星雨，在一夜之内数了8000颗，最盛的时候是早晨1点到两点，出现了4860颗之多。此后定出了它的轨道，知道它出现的周期是33年。于是大家就耐心地等待着。可是失望得很，等到1899年并没见它的踪影，直到1900年才姗姗来迟，而且没有什么出奇的地方；似乎老了，完了。据天文学家的研究，认为这些星体由于地球对它们的吸引力不够大，被路途上所碰见的更大的行星吸引过去了。但大家的心并没有死，仍然指望着它在1933年会来个奇迹。可是它的黄金时期似乎确乎过去了，那年我也连续看了好几夜，而且从1932年看到1934年，始终看不出什么“雨”的现象来。顶多是几点毛毛雨，那只能说是些离群之徒罢了。现在每年11月中旬，我们仍然可以看到几点“毛毛雨”从狮子座出现。它的放射点在轩辕十一附近。出现最盛的时间是11月15日。那时狮子座要到半夜以后才在东方地平线出现，到那时候希望你去观察一下，说不定会有什么奇遇。

关于流星雨的现象有两点需要说明的。第一，我们可别蹈杞人的覆辙，以为流星群是恒星下坠。这些流星实际上不过是太阳系的灰尘而已。

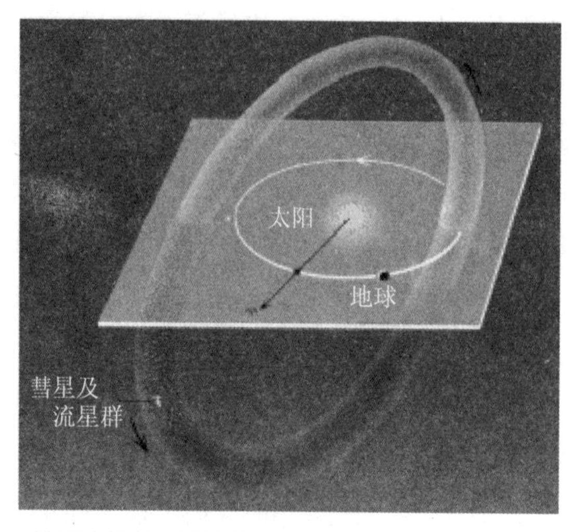

狮子座流星群的轨道。轨道面与黄道面倾斜 17°

在它们成群结队绕着太阳跑的时候，恰好和地球碰在一起；或者是因为走得距地球太近，被地球的引力拉过来，走进了地球的大气层，因为它运动速度很大，和大气摩擦便生热发光。显而易见，一定要它们走得很近时，我们才能看见。流星群既是太阳系的一部分，当然也有它绕日运行的轨道，所以它的出现是有周期的。但是这些东西都是些无足轻重的小东西——顶多不过流星群的尾巴而已，所以它们的行动很容易受更有力的天体的影响，而致改变了路线，甚至于毁灭。自从 1866 年后，天文学家在计算流星群的轨道和一些彗星的轨道时，发现了它们的共同点，于是有些流星群的来源问题便解决了：它们不过是一些瓦解了的彗星。而彗星的组成问题也有了解决的线索。狮子座流星群的轨道与 1866 年第一号彗星的轨道有显著的相似，这是法国天文学家拉瓦勒发现的。但是我们还不能说所有的流星群全是由彗星变来的，它们仍可能有其他的来源。

第二点，你千万可别以为这成群的流星果真是从星空的同一个放射点吐出来的。这个放射点不过是我们视觉上的幻象而已。流星群中所有的成员行走的路迹差不多完全是平行的，这一点从它们集体绕日而行的运动上可以推想出来。但是为什么又好像是从一个放射点发出来的呢？答案只有一句话：平行线在无限远时是相交的。这有如两条平行的铁路，它们看上去在老远地方总是相交一样。

七星如钩柳下生，星上十七轩辕形*

在狮子座镰刀的右下方，也就是柳宿的左下方，有一颗2等星，那便是星宿一。附近没有比它更亮的星，因此很容易辨认。星宿一是长蛇座的第一星，也就是这个星座里面最亮的一颗星。长蛇的头是柳宿，我们在上月份已经讲到。星宿一是长蛇的心脏。如果把它上面的几颗小星连起来，就像一个小钩子，由七颗星构成，叫作星宿。也有点像北斗的把子。《礼记·月令》中所说的“春季之月，……昏七星中”和“孟冬之月，……旦七星中”的七星就是指星宿。这是说春天最后一个月的黄昏和冬天最初一个月的黎明，星宿走到正南方。《史记·天官书》将星宿列为南宫朱鸟七宿之一。星宿就是鸟的头颈。

张宿六小在星旁，谷雨南中播种忙

张宿在星宿的左旁，由六颗4.5等星构成，较亮的一颗叫张宿二。它们都是属长蛇座的。张宿是朱鸟的鸟嗉，这在《尔雅》上就有记载了。古人曾利用它南中的时刻定为种稷的时节；它差不多在谷雨前后的黄昏时在中天。张宿左面那颗较亮的星，也就是从轩辕九向轩辕十四画条直线，延长两倍所碰到的那颗星，虽然也是属于长蛇座的，可不是张宿而是翼宿的星了。

4月星空里，在正南方地平线上，我们还可以看到3个星座。从柳宿六向星宿一画线延长1.5倍，遇到的一颗星就属于唧筒座。在弧矢东半边左面的几颗星是罗盘座，中文名天狗。靠近地平线的几颗星都是船帆座的，其中

* 引自《步天歌》。

最亮的一颗中文名为天纪。往上看，在轩辕十四下面靠近星宿四的那颗星是六分仪座。这些星座的星都很小，没有什么天文学上的重要性，所以星图上没有列出。在狮子座上面不远地方，有3对星斜列着，距离都相等，便是上台、中台、下台，它们也是太微垣的星，属于大熊座。对于后者我们将在下月中详细地谈到。新从东南方升上来的星有角宿、轸宿。织女在东北方已微露头角。所有这些留待以后再谈。

顺便我们讲讲恒星的距离和视差。我们看过了近在咫尺的天狼，又看过了远处在天涯的参宿七，对于以光年为单位的恒星距离，真不禁叹为观止。其实这些近的不过四五光年，远的不过几百光年的恒星距离，跟以后我们就要谈到的那些几十万光年、几百万光年甚至几亿光年的庞大距离相比，就好像千里百里上的一分一厘一样。天文学家用什么方法去求得这些距离的？他们当然不能用尺去量，也不能拿一根长达1光年的竿子去比。可是地面上有许多宽达几百丈的河流、高达数里的大山，我们也可以算出它们的宽度和高度。这无非是利用三角学上的方法，利用已知的线段的长短和角度的大小，来计算一个无法实地测量线段。这种测量法叫作“三角法”。意思是说我们先设计一个三角形，使得距离已知的一个线段，作为三角形的一边，这一边我们称之为基线，或底线。使要测的那一个距离，作为三角形的另一边。然后根据量得的角度和三角公式，就可把那个未知的距离求出来。天文学家就利用同样的方法来量天。地球的大小、月亮的远近、太阳的距离等，就是这样求出来的。原理很简单，问题在于怎样选一个适当的距离，来作为我们这个三角测量法中的基线。这根基线不能和要测的距离相差过远，否则不但不能得到准确的结果，而且根本无从算起。月亮的距离是利用地球的半径为基线而求出的，太阳的距离是利用小行星的距离（这个距离比月亮的距离要大得多）算出来的。而恒星距离则是利用地球轨道的半径作为基线算出来的。三角法成功地利用在恒星距离的测量上还不过是100年来的事，就因为恒星距离实在是太远了，以前的人没有找到一个适当的距离作为基线。1838年有3个天文学家利用这个方法而获得成功。德国的贝塞尔测量天鹅座的天津增廿九(61 Cygni),俄国的斯特鲁维(F.G.Struve)测量织女,英国的汉德森(Henderson)测量半人马座的南门二。这个方法的原则需得简单地说一下,因为其中有几个名词是我们时常要遇到的。

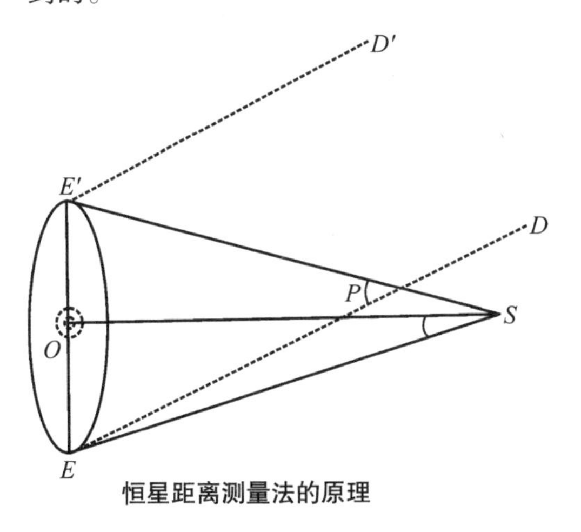

恒星距离测量法的原理

设 S 为要测定距离的恒星,O 为太阳,E 为地球,SO 为要测定的距离。在未求出这个距离以前,$\angle ESO$ 必须先知道,这个角可以在地球上量出来的,方法如下:找一颗距离极远的恒星 D 为标准——通常光亮很微弱的星大都是距离很远的。我们先测定这颗恒星和那颗恒星之间的角度 $\angle SED$,半年以后,地球走到轨道的那一头 E'。因为地球移转的关系,所以 S 星和 D 星的相对位置就改变了。换句话说,它们之间的 $\angle SE'D'$ 与原来的不同了,把这个角量出来。D 星的距离极大,所以 DE 与 $D'E'$ 两线我们可以看作是平行的。于是 $\angle P$ 等于 $\angle SE'D'$,而 $\angle P$ 等于 $\angle SED$ 加 $\angle ESE'$。于是 $\angle ESE'$ 等于 $\angle SE'D'$ 减去 $\angle SED$。使 OS 线为 EE' 的垂直平分线,于是 $\angle ESO$ 的度数就求得了(等于 $\angle SE'D'$ 与 $\angle SED$ 之差的一半)。OE 为地球轨道的半径,这是一个已知数值,等于 14960 万千米,再去查三角函数表,就可以求出 OS 的距离。这个距离是恒星与太阳的距离,但也就是它和我们的距离,因为在这样大的距离上,我们和太阳是不分彼此的。

$\angle ESO$ 有一个专门名词,叫作"恒星视差"(stellarparallax),所谓视差就是指因观察者地处方位的不同,因而所见到东西位置上发生的差异。例如在 E_1 点所见的恒星 S 在天空的位置是 S_1,在 E_2 点所见到的 S 在天空的位置便是 S_2,我们说恒星视差便是指恒星在天空因地球公转而产生的视位置最

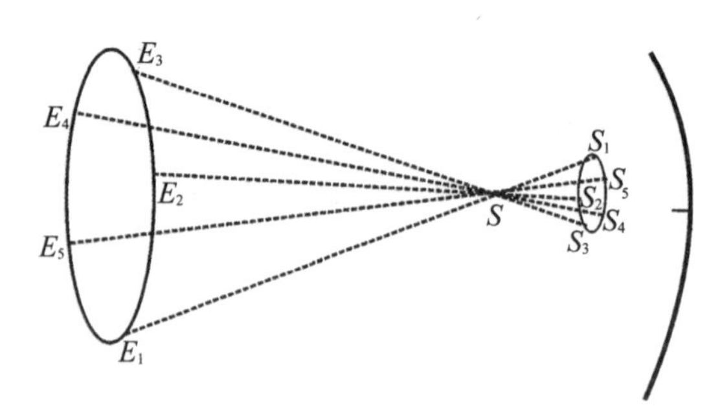

由于地球绕日运行，恒星在天空视位置的变动

大变动角度的1/2。这个变动角的 1/2 也就是我们站在那个恒星上所量出的地球轨道半径的角度。这一点你可以从图上体验出来。这个角度也就是观察者在地球上与在太阳上所见到该恒星之视位置的变化。因此你又可以想象到，距离越远的恒星，它的视差也越小，于是从它上面看地球轨道半径的角度也越小。所以视差也是表示恒星距离远近的一个方法。而实际上天文学家正是测量了恒星的视差，来算出它们的距离的。以上为了便于说明，所举的是最简单的例子。

视差最大的恒星，也就是距我们最近的恒星，那是南门二附近的一星，叫比邻星（Proxima Centauri），它距我们虽有 4.2 光年，但是视差仍然极小，连 1 角秒（1/3600 度）都不到，只有 0.761 角秒，从这儿你可以知道恒星的视差并不是一个容易测得的数字，而且还有恒星本身的行动，以及太阳的行动，都得扣除。可是自 1903 年利用天文摄影的方法，使这步工作比较精确而可以大量地做下去。如今已有好几千颗恒星的视差是这样量出来的。有些天文学家就像侦探一样，专门给恒星照相，发给它们身份证，调查它们的踪迹；每半年照一次，至少要照 5 次，才可准确地把它们的视差定出来。

可是这种直接测量恒星视差的方法用处也还是有限的，去测距离较近的那些恒星时，还算准确，大概在 1000 光年以内的可以应用，超过 1000 光年的，视差大约在 0.003 秒以下，就不准确了。在那个情形下，恒星由于地球公转而产生的视位置的变动大小相当于放在 3000 米外的一个平针的针头，你想怎么能量得准确呢？幸而有别的方法可做间接的测定，如已经提到过的用分光镜可以推测出恒星的绝对星等，从而推测出它们的距离。还可以利用有些变光星变光周期与绝对星等的关系，去推测几百万光年距离上的天体。这一点留待“11 月的星空”说。

恒星世界度量衡的单位是够大的。在距离上通常有两个单位，一个是光年，另一个叫秒差距（parsec），即弧度为 1 角秒视差的距离。它相当于 3.26 光年，恒星在这个距离上的视差是弧度 1 角秒。恒星的秒差距即视差的倒数 1/*p*"，如 5 个秒差距就是说这个星的视差是 2/10"（1 ÷ 0.2=5）。恒星的绝对星等是放在 32.6 光年距离上比较出来的，32.6 光年就是 10 个秒差距，也就是说把恒星放在一个距离上，使它们的视差都等于 1/10"时所有的光亮。为什么把恒星放在 32.6 光年上比较它们的光亮，理由就在此（见“3 月的星空”）。

5 月的星空

北斗—猎犬—后发—翼宿—轸宿
常见星座—双星的种类—恒星的成分—超银河集团

夕阳残照梅花雪，斗柄回寅又一春

北斗星可以说是北半球居民最熟悉的几个星宿中的一个。记得我最初认识的星就是北斗七星——远在 20 年前，我还是一个小学生的时候，是我们的班主任钱老师教我们的。据我父亲说，他最初认识的星也是它，那是我祖父教他的。历来不知有多少诗人雅士，借着北斗来抒发他们的情怀。例如顾存仁在《对月》里："清光此夕为谁秋，关月能禁故园愁。何处笛声吹不断？卧看北斗挂城楼。"又如那个荒淫无道，恶贯满盈的隋炀帝，他知道一生为非作歹，结果徒使自己深陷于恐怖绝望之境，在《月夜观星》一诗中，他就说道："……更移斗柄转，夜久天河横；徘徊不能寐，参差几种情。"大概他是在忧虑自己的皇座已经摇摇欲坠，因而弄到失眠的吧！

北斗为什么这样容易引人注目呢？一方面固然由于它 7 颗星排列的形状很像一把古式熨衣服用的烙斗，显著地悬挂在天上，另一方面也是由于它距离天球北极相当近，在北纬 40° 以北的地方，终年可以看到。无论春、夏、秋、冬，也无论夜间什么时候，它总在地平线以上；不像许多较南方

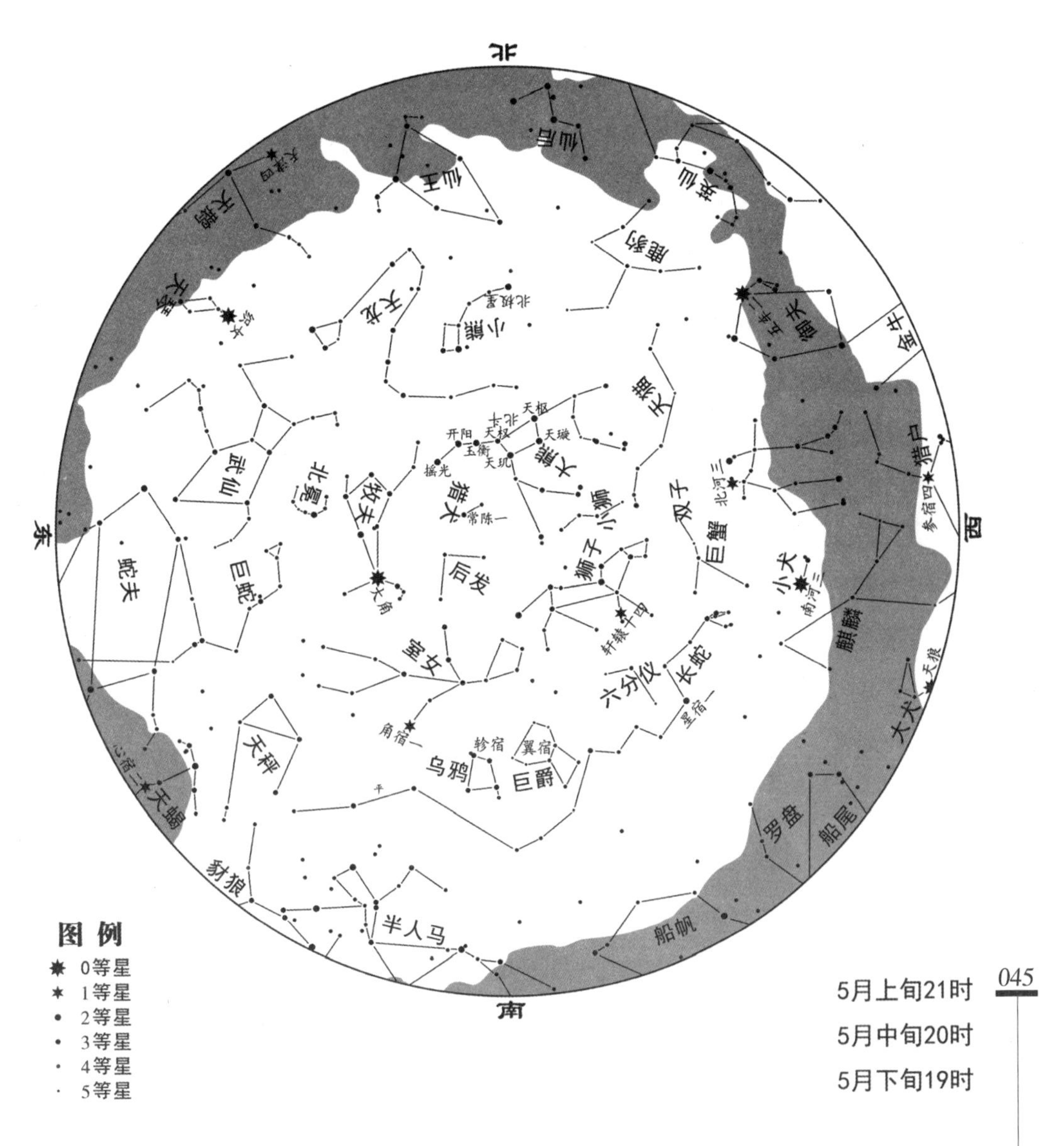

图 例

- 0等星
- 1等星
- 2等星
- 3等星
- 4等星
- 5等星

5月上旬21时

5月中旬20时

5月下旬19时

5月星空图

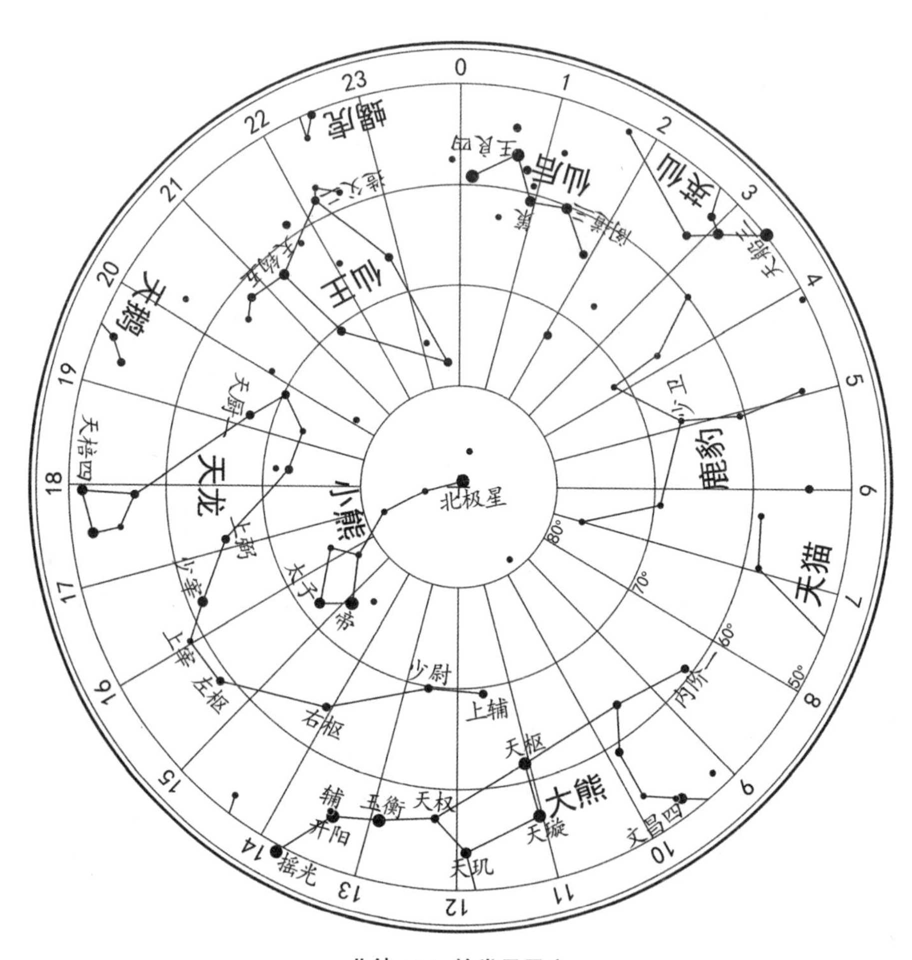

北纬 40° 的常见星座

的星宿那样，有时在地平线以下。只因为地球依轴自转，所以我们看见它有时候在西北方，有时候在正北部近地平线上，有时又在正北和我们头顶中间。它每年 2 月黄昏时在东北方出现，5 月在近天顶处出现——这就是为什么我们到现在才讲到它的原因。在 5 月间它离地平线最高，位置最适中。8 月在西北方出现，11 月在正北地平线上出现。而且在同一夜晚里，从天黑到天亮，我们都可以很清楚地看到它差不多绕着天球北极，旋转半个圈子。看了北斗这种有规则的运动，很容易令人想起人世间的沧桑，于是诗人便伤感起来了。其实看了北斗那种坚定如恒的运动，使我们兴起时序如流的感觉倒是很自然的，我们应该有正确的态度，怎样把握时间，跟时间赛跑，来争取进步，而不是感伤和消沉。常年终夜可以见到的这一种现象，并非北斗所特有；凡是在天球北极附近的星座都是这样的。这些星座我们称之为“拱极星座”，也称为“常见星座”。显而易见，常见星座的数目，也就是常见星座的范围，是以我们所在地的纬度而定的。纬度高，天球北极离地平线也高，常见星座的范围也就比较大——假如我们在北极，天球北极在我们头顶上，那么所有在天球赤道以北的星座都是常见星座，它们都终年终夜在地平线上。但是，假如我们在赤道上，那么天球北极就在地平线下了，于是，常见星座一个都没有，因为在那里，没有一个星座可以终年终夜在地平线上，它们总有一个时候在地平线下，那时我们当然看不见了。北纬40°左右的常见星座不多，只有北斗、小熊、仙后、仙王和天龙等星座。

璇玑玉衡，以齐七政*

北斗七星除了足以引起诗人灵感之外，最重要的还是古代利用它的运转来定四季节气与时辰和日月五星的行径。这有好几个原因：第一，北斗位处天球北极的附近，因此其余的星座似乎也跟着它围绕着北极旋转。第二，北斗七星排列的范围很广大，而且七颗星都相当亮，天球北极附近的星座中没有比它们更亮的，所以很容易找到它们。第三，就因为它是常见星座，人们可以不受时间的限制，一年到头，一夜到天亮看到它。第四，北斗差不多是二十八宿中3个最重要的星宿，即参宿、角宿和斗宿（即南斗）的中心。因为北斗这样重要，所以它的七颗星每颗都有专门名词，那就是天枢、天璇、天玑、天权、玉衡、开阳和摇光。前四颗是斗的本身，后三颗是斗柄。“璇玑玉衡，以齐七政”，就是利用北斗的运转定出四时，从而测知日月

* 引自《书经·舜典》。

和五大行星的行径。又如《鹖冠子》上说："斗柄指东，天下皆春；斗柄指南，天下皆夏；斗柄指西，天下皆秋；斗柄指北，天下皆冬。"以及古语所说的斗柄回寅，都是表示从北斗运转的观察而知四时的变换。这儿所说的斗柄的方向都是指黄昏所见的方向。

北斗离天球北极很近，所以我们又可以利用它来辨认方向，不过因为它有时在天球北极之东出现，从我们这儿看来的方向是东北；有时在北极之西出现，从我们这儿看来的方向是西北。只有它在北极之南和之北出现时，才告诉我们正北的方向。但是我们却可以利用它们找到北极星，从而指认正北的方向。从斗边的天璇向天枢画条线，延长5倍，所碰到的一颗2等亮星便是我们现在的北极星：勾陈一。北极星离真正的北极只有1°左右，这一点点相差对于通常方向的辨认上并无多大影响。所以天枢、天璇这两颗星又叫作指极星。

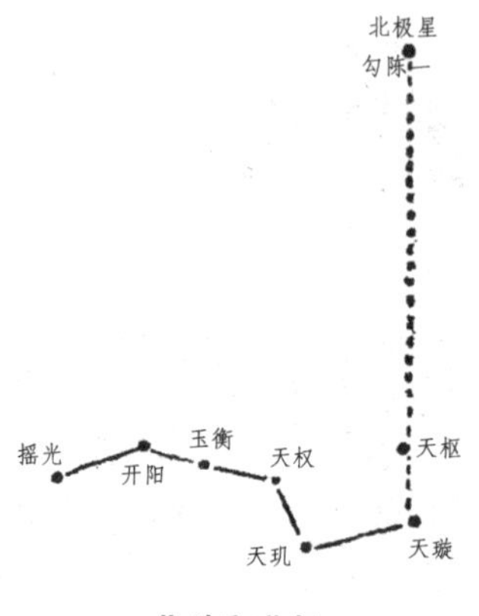

北斗和北极

我们现在来谈谈"大熊星团"。北斗七星是属于大熊星座的，在这个星座中有一个离我们最近的星团，就是大熊星团。属于这个星团的共有40颗星，北斗里的天璇、天玑、天权、玉衡和开阳都是这个星团的构成分子。但是这四十颗星散布

大熊座图

得非常之广，和昴宿、毕宿同样都是疏散的星团，而散布的更广，远到甚至天狼和贯索一（属北冕座）、五车三（属御夫座）都是其中的台柱。这真是想象不到的。原来经过天文学的测量，知道这些星不但自行的方向一样，而且自行的速度也一样，因此就可以断定它们是属于一个小组织的。但是它们怎样会散布得这般广呢？原因很简单：就是由于距离地球很近的缘故。这犹如从很远的地方看一个村庄，好像是一堆房子聚在一起，可是走到庄子里看，各户人家的房子前后左右都有相当的距离，这完全是透视的道理。在这个星团中，几颗构成北斗的分子距离我们约 80 光年，而天狼离我们只有 8 光年，五车三却有 160 光年。假定说在大熊星团中，天狼距我们最近，五车三据我们最远，那么这个星团的直径至少有 150 光年。但这样庞大的范围和其他更大的天体系统比起来，仍然是微不足道的。因为这个星团分散得这般广泛，我们可以料想我们的太阳也夹在这个星团里面，虽然它并不是其中一员。不过据最近的研究结果，天狼星可能不属于这个星团。已发现的疏散星团有 1000 多个。

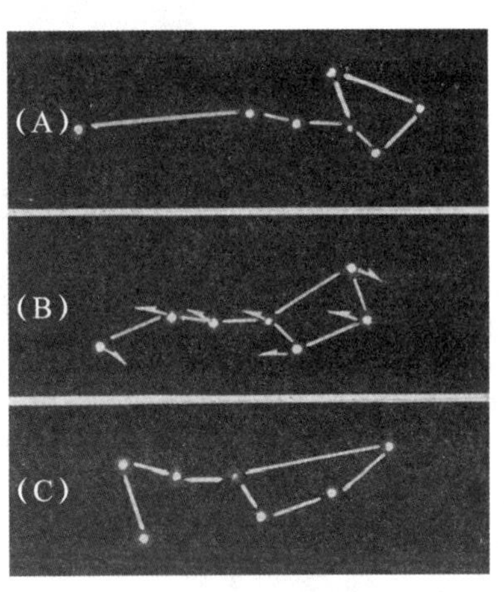

北斗各星的自行

北斗七星距我们较近，所以它们的自行从地球上看较为显著。上面的图表示，10 万年以后，北斗七星移到箭尖以后的形式和现在的比较。疏散星团都是距我们很近的星团，而最近的一些疏散星团因为自行显著，所以又叫移动星团。大熊星团现在正向摩羯座运行。

在天色清明的夜晚，我们如果仔细对着北斗的斗看，里面顶多只有 10 ~ 12 颗小火花子，看不出有什么特别的地方。即使你用望远镜去看，也不过是看到的星加多一些：如果达到目力所及的亮度 1/15（也就是这具望远镜能够看到比肉眼所能看到亮度小 15 倍的星，以下仿此），就可看到有 100 颗星；如果达到 1/1000，就有 3000 颗星；如果达到百万分之一，就有 15

万颗星，随着望远镜倍率的增加，这把熨斗里的秘密就一步一步揭穿了。现在知道在它里面有上万个旋涡星云，每一个星云都和我们的银河系统一样，各有几亿或几十亿颗恒星。这些星云都因距离过于遥远，看不清楚，只能用照相方法经过长期曝光才能摄下来。它们都远在我们自己的银河系统之外，因此叫作“河外星云”。

至于北斗里面的双星、三重星、变光星等也是很多的。在北斗把子中间的那颗开阳，就是颗著名的双星，肉眼很容易把它分开。开阳自己是一颗2等星，它的那颗伴星，中文名叫辅，是一颗5等星；它们相距11角分。辅的阿拉伯名叫Alcor，即“实验”的意思——实验我们的目力能否见到它，你不妨一试。这颗双星或许是第一颗肉眼发觉的双星。阿拉伯人又称这一对为“马与骑士”，开阳是马，辅是骑士，骑在马身上。可是当北斗转到我们天空中时，位置是倒置的，那样就变成马骑在人身上了。美洲印第安人则称它为“妈妈背孩子”星（the squaw with the papoose on her back）。开阳本身是第一颗用望远镜发现的双星。其中亮一点的那颗，也就是第一颗用分光镜发现的双星，这两颗星大小差不多，公转周期是20天14小时，两星共同的质量比太阳约大4倍。后来又发现弱的一颗也是一颗分光双星，这么说开阳本身还是一颗四位一体的四重星，再加上那个“小孩子”也是分光的双生子，就是六位一体了。

大熊座M81星云，距离地球160万光年

北斗之外，在文昌上面，有一个旋涡星云，名叫M81，如上图所示，是第一个发现在自转的星云。由此可见万物皆运动是一个宇宙的现象。

北斗连同天龙、小熊诸星座的星，都属于我们中国古名的紫微垣。

我们已经介绍过好几对双星了，现在可以把它们总结一下：一类叫“目视双星”，是肉眼或用望远镜可以将它们分开的；另一类叫“分光双星”，这些双星必须借分光镜才能分开。有许多分光双星就是蚀变星，因为它们的公转轨道差不多和地球在一个平面上，所以在它们公转时，便有蚀的现象发生，如柱六、柱七、大棱五等；但不一定所有的分光双星都是蚀变星。目视双星又可以分两种，一种纯粹是貌合神离的、毫不相关的双星，它们之间的距离实际上非常远，可是从我们看去，由于透视原因，好像很接近，这种叫作“视觉双星”。还有一类真正是一对的，它们之间确实有一种相互引力的关系存在而联系着，因此叫作“真正双星”，或“联星”，或“物理双星”。显而易见，分光双星也是属于物理双星里的。通常我们所说的双星都指后者而言。视觉双星在我们说来没有什么意思，顶多不过是“试试我们的目力”而已。最令人感兴趣与有研究意义的自然是所谓真正地道的双星，它们的研究历史自赫歇尔以来不过200来年，首先利用分光棱镜来观察开阳是在1899年。天文学家对它们感兴趣，就是因为它们本身就是一个小宇宙，希望从它们的构造上、运动上，得到宇宙构造与发展的规律。有下列几个特点可以提出来：一是据估计双星占所有恒星的1/4，显然双星系统发生的过程绝不是特殊的，更不是偶然的；二是双星公转的速度随二者距离的远近而有规则的变化；三是公转周期与轨道的偏心率（就是和正圆相差的程度）有一定的关系，近乎圆形的轨道，公转周期只有几天，极偏的轨道，周期是几千年。

关于双星发生的理论，曾有人提出过类似月亮与地球的发生学说。据说恒星最初因为自转速度太大，达到一种不稳定的状态，于是变成一个分光双星，随后由于潮汐的作用，使得这两颗星的距离增加，于是便成为一个目视双星。这个理论过去轰动一时，但现在已不大为人注意，可是又没有更好的理论提出来。

北斗下面猎犬座，稀土金属含量多

猎犬座图

猎犬座在北斗把子，也就是大熊尾巴的下面，从天枢向天玑画条线，延长两倍，遇见的一颗亮星就是猎犬座的常陈一。美国威尔逊山天文台利用分光镜发现这颗星上有很丰富的资源——稀土金属（rare earth），像什么铕（europium）、钆（gadolinium）等，但这并没有什么奇怪，物质总是由九十几种元素里面任何几种构成的，到现在为止，科学家还没有发现为其他星体所有的为地球所无的元素。

猎犬座里面有一个旋涡星云，可惜肉眼看不见，这是一个离我们很近的星系，有1400万光年，发现不过100年。这是首先观察出漩涡状组成的一个星云。

猎犬座大星云
这是离我们第三个最近的星云。第一是仙女座的，第二是三角座的。

如何分析恒星的成分？分光镜是现代科学上最重要的一个研究武器。近代许多极重要的发现都是通过它完成的。化学家和物理学家利用它可以知道物质的组成和构造，天文学家利用它完成了许多极重要的量天工作，以及其他的发现。如今靠了它，不但知道了恒星的构成，而且还知道这些成分的比例。换句话说，它们不但给恒星做了定性分析，也做了定量的分析。甚至连远在千万光年以上的天体之成分都可以准确地测出来。

目前我们所知道的恒星成分,实际上只有它上面的大气的成分,因为恒星的温度都相当高,它上面的物质全部都气化了。因此我们说恒星大气的成分,也就可以说是恒星的成分。通常它们上面含量最多的十几种元素是氢、氧、镁、氮、硅、硫、碳、铁、钠、钙、镍等,比地球的大气要复杂多了,在其中每100个原子里面,氢原子占80个,而氢和氦总共约占99.9%。这是与地球大气最不相同的地方。除此之外,其余含量的比例与地壳的成分相同。为什么地壳上没有那么多的氢与氦,那是因为这两种元素都是最轻的元素,它们运动的速度非常之大,以至于逃出地球的掌握,跑走了。

因为恒星温度相当高,这些原子很难结合成什么化合物存在;不但如此,随着恒星温度的不同,这些原子有的甚至离解为带正电的离子和带负电的电子。这也是利用分光镜测出的。通常恒星内部的温度从几百万摄氏度到几千万摄氏度。在这种情形下恐怕所有的原子都分离为原子核和电子了。因此恒星内部恐怕全是由游离的原子核与电子所构成的。

惟望征客安然归,万根青丝何足惜

大多数星座的名字都是从神话传说里采取来的,但是少数也有着历史的根据。以前我们曾讲过参商不相见的故事,现在我再来讲一个埃及的故事。当埃及王托勒密三世远征叙利亚时,王后伯利尼斯十分担心国王的安危,因此特地许下了心愿:假如国王能安然回来,她愿把她举世闻名的魅力头发剪下,供奉在阿辛诺的神庙里。

后发座的超星系团

后来国王果然安全归来，于是王后便践约将头发剪下，交给神庙的住持。可是那时妇女剪发还不是一件时髦的事情，国王看见王后失去了美丽的头发，便勃然大怒。那多智的住持为要使国王息怒，便对国王劝解道，王后的美发已经保存在天上了，在那儿可以使得所有人都能欣赏她的美发；同时他又指着一些星给国王看，的确有些像头发。此后那些星便叫后发座（Coma Berenices）。假如你愿意领略后发的美丽，那么我告诉你，它就在猎犬座的常陈一和狮子座的五帝座一正中间。这一些小星星约有十几颗，密簇簇地聚集在一起。

后发座图

前面说到过的“超星系团”，在后发座里也有一个，它的组成更为庞大，至少由1000个星系构成，距离我们约有3.5亿光年！据发现人沙普利（Harlow Shapley）和阿美斯（Ames）女士说，这个大集团绵延达数千万光年。

我们银河系的北极也在后发座里，在郎位的东北方向。

张宿之东翼宿随，朱雀振翅天边飞

现在请你将视线转向南天。在狮子座尾巴下面，长蛇座张宿的东面，有3颗较亮的星，成一个小三角形，那便是巨爵座的翼宿，从北斗的天枢、天玑画条线，通过西上相和西次相，延长1倍便碰到了。翼宿一共有22颗小星，有一部分星是属于长蛇座的，排列的样子有点像一只外国的带座酒杯。翼宿是我国所谓的南宫朱雀七宿的翅膀。《礼记·月令》：“孟夏之月，……黄昏中。”古人在初昏看到翼宿南中，便知道是初夏到了。又《观象玩占》说：“其北（指翼）十三尺为日月五常星中道。”黄道就在翼宿北面，所以日月行星时常走过翼宿。

轸宿四珠不等方，长沙一黑中间藏*

翼宿东面一个四边形便是轸宿，学名乌鸦座。从天璇向五帝座画一条线，延长1倍所碰到的星就是它。在轸宿四边形里面有一颗5等小星，叫作长沙。《礼记·月令》上说："仲冬之月，……旦轸中。"因为岁差的道理，现在差不多要后移一个月，即冬季最末一个月，天亮时轸宿南中。黄道在轸宿的背面经过，因此也是日月和行星路过的地方。占卜上说五大行星要是一同进入轸宿的话，天下要有战事发生，五星同时进入轸宿的机会是比较少的。而1947年一个行星都不在轸宿，可是战火差不多烧遍了亚洲，可见占卜之说的不可靠了。

乌鸦座图

5月里面可以看见全部的长蛇座，从巨蟹座经过狮子、巨爵、乌鸦而抵达室女座南面的平星为止，真不愧是一条长蛇。在乌鸦座南面近南地平线的一些星属于半人马座，中文名库楼，留待下月再谈。另外天鹅座十字架已经继织女在东北角出现了。夏季的星将连续出来，冬季的星将陆续在西方沉落下去了。

* 引自《西步天歌》。

6 月的星空

牧夫—太角—角宿—室女—北极星—半人马
膨胀的宇宙—北极的兴亡史—岁差—我们的近邻

五车载得春归去，牧夫大角迎夏来

1 月里在我们头顶上炫耀的五车二，已经随着春天的过去，而靠近到地平线了，待之而起的是另一颗和它差不多亮的大角。大角很容易找到：它在近我们头顶上而略偏南的地方，顺着北斗把子的弧线一直向下画，第一颗遇到的大星就是它。它的学名叫牧夫第一星，是我们北部天空最亮的三颗恒星之一——其他两颗，一颗是已近西北地平线上的五车二，一颗是正在东北方上升的织女。这三颗都是 0 等星，织女稍为亮一些，大角和五车二不分上下。

牧夫座图

大角比太阳亮 100 倍以上，直径也差不多比太阳大 30 倍，换句话说，大角的体积差不多要比太阳的大 27000 倍。

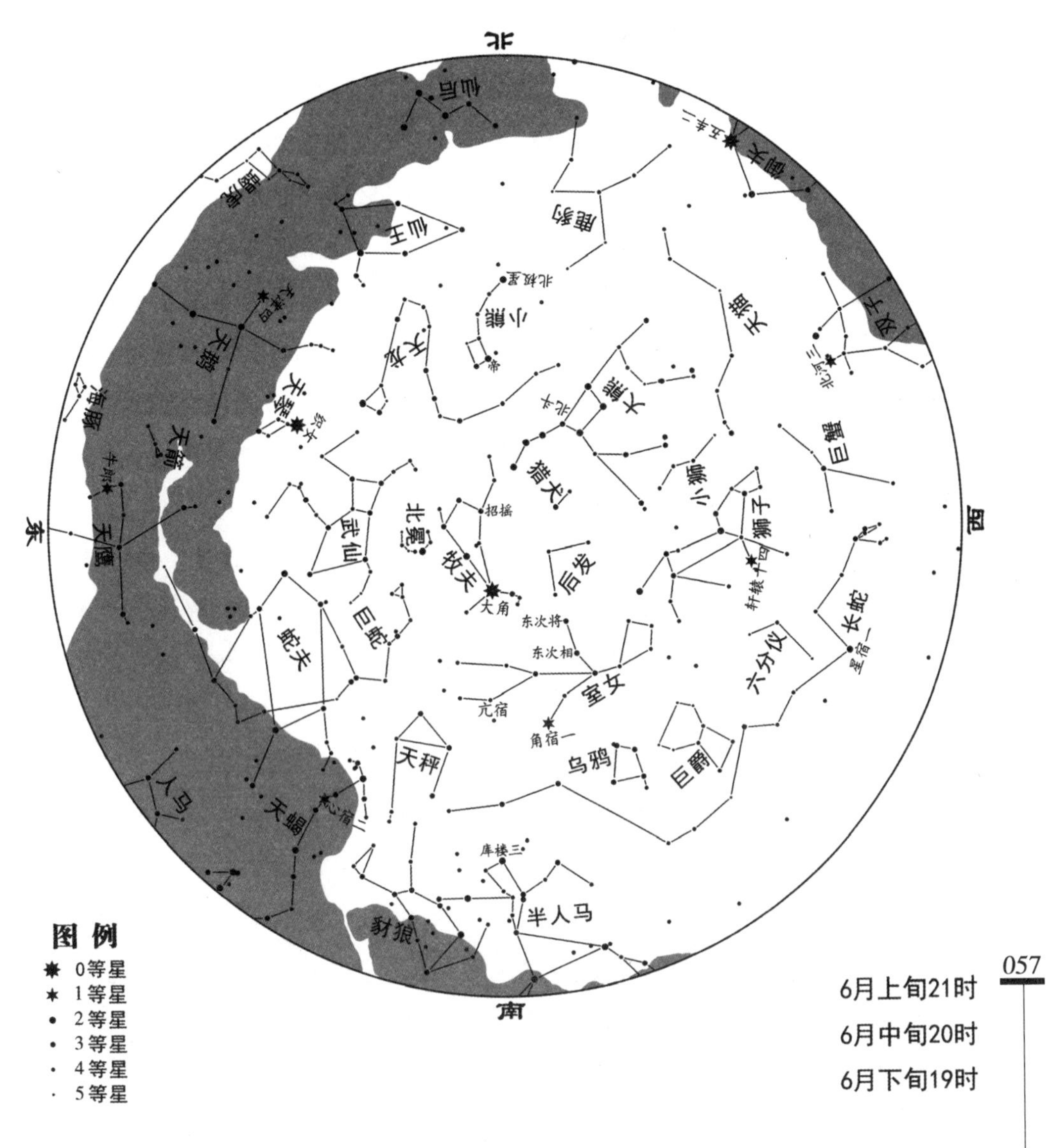

6月星空图

可惜它是个浮而不实的东西，质量只比太阳的大 1 倍，因此太阳的密度几乎要比它大 4000 倍。而且它表面的温度只有太阳的 2/3，大约是 4000℃的样子，所以它的光色是淡红色的。从它的直径和表面温度看来，我们知道大角是一颗“巨星”。它距离地球 33 光年。提起大角的距离令我想起了一个故事。1933 年 5 月 27 日 21 时 15 分，美国芝加哥城的百年进步博览会于巨大的探照灯突然照耀下正式开幕。这个展览会规模之大是 20 世纪以来所少有的。它的开幕式却跟大角结了一段姻缘。原来芝加哥在 1893 年曾举办过一个万国博览会，据当时科学家最准确的估计，大角和我们的距离是 40 光年，因此就特别选定 1933 年 5 月 27 日晚大角经过芝加哥子午线的时刻——即 9 点 15 分为芝加哥百年进步博览会开幕的时间，表示这次博览会用自 1893 年的博览会正在开会期间就开始发射来的光开幕的。这样一来，大角的名声大噪，在美国成了一颗几乎尽人皆知的“红星”了。而另一方面，更容易使人注意到，当一颗星的光还在途程上行走的时候，科学是怎样地在进步。现在大角的距离已经被修正了。那么，大角的光到达地球所需的时间刚好是 33 年，在这样一段时间里，我们的国家在种种方面已经有多少进步了呢？

大角也是哈雷发现恒星移动所观察的几颗恒星里的一颗。它的自行每年是 2 角秒多一点，在 1600 年里移动的位置相当于一个月盘大小的距离。

大角对于彗星的密度研究会提供一个有价值的论据，有一颗叫作杜那氏彗星（Donati's Comet），那是 19 世纪里几颗大彗星中的一颗，于 1858 年 10 月 5 日走近大角。这颗彗星的尾巴有 9000 万千米长，有一部分就盖过了大角。这一部分至少有 36000 千米厚，可是大角的星光丝毫未受这一部分物质的影响，也没有遇到什么折射的作用，换句话说，就是它的光安然无阻地穿过这颗彗星而到达地球。这证明了彗星尾部的物质是非常稀薄的，据推测它的密度恐怕还不及空气密度的六十四万分之一。

牧夫座除去靠近北斗的天枪不算，其余的一些星连起来很像一个风筝，大角是垂在风筝下面的一个尾巴。《淮南子·天文训》：“招摇所指，天下皆春。”招摇就是风筝上靠近摇光的那颗星。

大角角宿五帝座，鼎足而立亮灼灼

假如我们顺着北斗把子的曲弧一直画下去，先遇到的是大角，再画下去，碰到另一颗1等大星，那便是角宿一。大角、角宿一和狮子座的五帝座一形成一个大的正三角形，名字叫作春季大三角，在正南方的半空中。角宿一是一颗发白光的星，学名室女第一星，距离我们有260光年，光比太阳亮1500倍，表面温度总在两万摄氏度左右，是一颗相当热的星。

角宿是我国很有名的一颗星宿，二十八宿的第一个星宿便是它。现在黄道就在角宿一和角宿二之间穿过——在角宿一之北二度和角宿二之南八度的样子。因此日月和行星便常在这儿路过。《星经》上说：“角二星为天门。”《观象玩占》上说：“角二星为天关。”都是说明这种现象。在角宿和五帝座一之间的那些星，像东次将、东次相等等，再加上大角下面的几颗星合起来叫作室女座。角宿以西的那些星在我国都属于太微垣。《礼记·月令》：“仲秋之月，日在角。”原来秋分点在春秋战国时是在角宿附近，因此初秋时太阳便在角宿。现在的秋分点就在右执法和左执法之间，也就是在这个地方黄道和天球赤道相交。每年在9月23日或是24日太阳走过这儿，从地球上看，太阳的

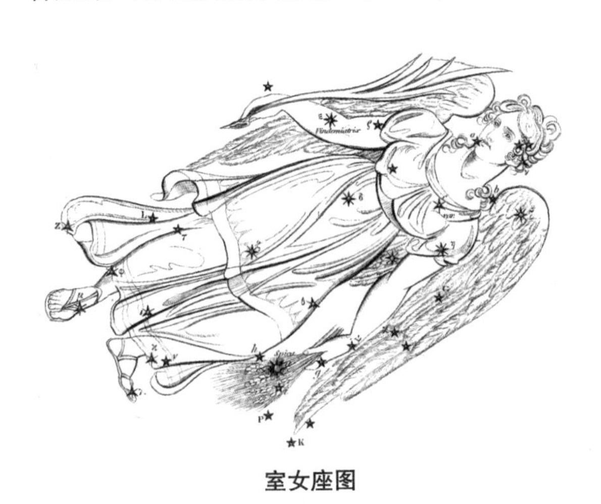

室女座图

位置就在秋分点上，于是地球上的昼夜相等。黄道圈和天球赤道圈有两个相交点，一点是现在说的秋分点，另一点就是春分点，在壁宿下面。整个室女座都位于黄道上，因此它是黄道十二宫之一。

和五帝座一、大角成一等腰三角形的东次将，在远古的时代就被人们视为酿酒者和葡萄园的守护神，它的希腊、拉丁、波斯和阿拉伯的名字就是“葡萄收获者”的意思。原来这些国家里，每年当农人们酿酒的时候，这星恰好黎明前在东方上升。

上月里，我们曾经讲到后发座的星系团。这种星系团或超星系集团在室女座里也有一个。它的中心在东次将附近，直径约有10°，占着室女座三角形1/3以上的面积。这星系团含有2500个以上的星系，距离我们有6000万光年之远，这是已发现的上百个星系团中距离地球最近的一个，但和已知道的几个星云比起来，像什么猎户、大熊、猎犬等星座的星云，那已经算很远的了。可是如果根据对这方面最有研究的美国天文学家沙普利说：“我们曾经照得距离远达1600万世纪的银河，它的光通过空间有95万万万万万英里（1英里=1.609千米）之多。”那么只有6000万光年远的室女座星云团实在是太近，只可算是我们的一个近邻罢了。这2500个以上的星系，每一个都足以和我们自己的那个属有10亿恒星的银河系相较，只是彼此结合得更密切些而形成一个超星系团。假如放在相同的距离上比较的话，那些星河系每个的平均质量是我们太阳的2000亿倍，而它们的光亮却只有太阳的1000亿倍，因此沙普利就认为如果计算没有错的话，那么在这些银河系之间一定散布着大量的不发光的物质，由一些宇宙的灰尘构成的暗云充填着，有如我们自己系统中的“黑暗星云”一样。可惜的是所有这些不发光的物质肉眼都不能看见。

现在，这种观念已经形成了完整的“暗物质”理论，为了解释遥远星系的“运动质量”远远高于其“光度质量”的矛盾，科学家设想星系内含有一种特殊的物质——暗物质。暗物质并不是我们照字面理解的“看不见”的物质，它有其特别的定义：有质量，不带电，能够穿越电磁波和引力场，密度非常小，但是数量庞大，因此它的总质量很大，是宇宙的重要组成部分（可能占宇宙中质能总量的23%）。因为它不发射电磁波，也不与任何电磁波发生作用，所以确实无法直接观测到，但它有引力，可以用间接方法探测。

宇宙在膨胀。根据天文学家利用分光镜观察的结果，推断出越是远离我们的星系团，它们远离我们而去的速度就越大，像室女座星系团远离我们而去的速度是每秒钟1200千米，后发座的是7500千米，牧夫座的是39000千米，而大熊座第二更快到42000千米。这就是我们时常听说到的"膨胀的宇宙"的证据。越远的物体，离我们而去的速度也就越大，这一点在星系的移行速度上已经证实了。这个速度是根据星系的光谱线在光谱上移动的程度而测定的（这个光学的定理便是著名的多普勒效应）。

这是不是表明银河系是宇宙的中心，其他星系都离开银河系飞散而去呢？也不能这样说。星系都离我们远去应该只是一种观测效应，因为只要宇宙匀速无中心膨胀，星系在互相远离，那么站在宇宙任何一点，都会看到其他星系离观察者远去，越远的星系退行速度越快。

为解释这种现象，1948年，美国天文学家伽莫夫（G.Gamov）与合作者提出一个模型，认为宇宙起源于一个"原始火球"，这个火球高温、高密度，充塞着自由基本粒子，火球急剧膨胀，温度迅速下降，基本粒子合成化学元素，再降温形成各种天体，膨胀一直继续，宇宙空间的热辐射也越来越稀薄。这个理论被戏称为"Big Bang"，即"大爆炸"。1964年，美国的贝尔电话实验室的无线电工程师彭齐亚斯（A.Penzias）和威尔逊（R.Wilson）发现了宇宙空间有着绝对温度3.5K（后订正为2.7K）的微波背景辐射，这正是宇宙起源于大爆炸，"原始火球"不断膨胀、降温的可靠证据。从此，"膨胀的宇宙""大爆炸宇宙说"，成为最为流行的理论。

为了解释宇宙正在加速膨胀的观测事实，科学家还提出了"暗能量"的概念，设想宇宙中广泛均匀存在着引力自相斥的（类似于"反引力"）暗能量。据推测，宇宙中暗能量在物质-能量中占的比例最大，约占73%，暗物质约占23%，普通物质占3.6%，发光物质仅占0.4%。现在，暗物质、暗能量观念已被学术界广为接受，虽然还没有明显的实测证据。

亢宿在大角的下面，角宿的东面，是一个很小的星宿，也是二十八宿之一。《礼记·月令》："仲夏之月，昏亢中。"这是说阴历六月太阳下山后，亢宿在正南方出现。角宿和亢宿在《史记·天官书》上是列为东宫七宿的。这七宿是角、亢、氐、房、心、尾、箕，依次将在夏季天空出现。又，这七个星宿我国古人将它们联成一条龙形，所以又叫东宫苍龙。角宿就是龙角。

为政以德，譬如北辰*

好不容易等到现在我们才讲到北极星和小熊座。小熊座本是北半球常见星座之一。一年到头，黄昏到天亮都可看到的，只是在六、七月里它整个星座离地平线最高，更便于观看。利用北斗的指极星，天璇和天枢很容易地就可以找到"现在的"北极星——勾陈一。我讲"现在的"，意思就指现在的时间，过去和将来的北极星都不一样，都要变的。这话怎么讲呢？首先要知道什么叫天球北极和北极星。天球北极就是地球北极的无限延长线到达天球的那一点，也就是说地轴无限延长和天球相触的两点之一——另一点是天球

"譬如北辰，居其所而众星拱之。"每一曲线各代表一恒星在12小时中环极而行的路径，最内的半个小圈是北极星

* 引自《论语》。

南极。北极星就是在天球北极上或最接近天球北极的星。

假如地轴所指的方向不变,那么北极星也就不会变更;假如地轴的方向是要变更的,那么不但北极要变动,北极星也要不同了。实际上地轴的方向是在变更的,因此谁来做我们的"北辰"完全决定在我们自己的地球。原来, 地球除去绕着太阳和它的依轴自转以外——这两个运动的方向都是从西向东, 它的轴自己也有一种转动, 就好像我们玩的陀螺, 当它在地上一面转一面叫, 等到转得慢, 快要倒下来的时候, 陀螺的轴就一摆一摆地旋转, 在空中画圆圈一样。地轴的这种运动的方向和它自转的方向相反, 是自东朝西的, 每 25800 年转一圈。因此, 不但天极不能固定, 极星也是不能固定的。这个运动相当缓慢, 自人类有了历史以来, 恐怕只转了 1/5 圈。但即使是短短的 1/5 圈, 北极星已经是几度沧桑了。

小熊座图

4700 年前埃及天文学家是以天龙座的右枢为北极星的; 3000 年前, 中国当周朝时是以小熊座的帝星为北极星的; 隋唐以来到元明期间, 是以鹿豹座的天枢为北极星的, 这是一颗很微小的星; 而目前则是勾陈一做了我们的极星; 假如我们能活到 5600 年, 那么那时仙王座的天钩五将是我们的极星, 这仍是一颗很渺小的星; 最后到 12000 年后, 织女才来做我们的极星, 那方才为众望所归了吧!

谈谈什么是岁差。因为地轴的方向老在转动, 而且是从东向西的移动, 因此地球的赤道面也就跟着摆动, 这样就使得无限延长出去而达到天球上的天球赤道也跟着摆动, 跟着从东往西移动, 于是天球赤道和黄道(即

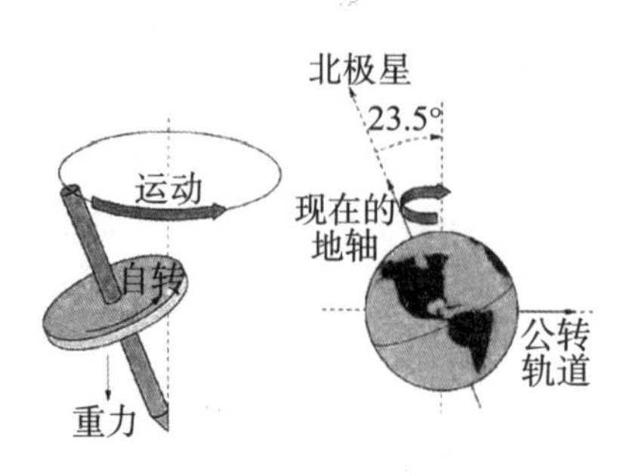

地球的旋转和陀螺的旋转相比较

地球的轨道)的相交点,春分点和秋分点,也就跟着向西移动，每年沿黄道向西移 $50\frac{1}{5}$ 角秒的样子,大概 71 年又 9 个月移 1°。这个现象就叫"岁差"。刚才为说明方便起见，我们说由于地轴方向的变动使得赤道跟着摆动。事实上恰好相反，正是由于赤道的摆动才使得地轴方向改变，然而北极和北极星都跟着改变。赤道摆动的原因是因为地球赤道凸出,因此那儿所受月亮与太阳的引力最大，这些引力要使倾斜的地球变正——你记得地球赤道和轨道不是倾斜 23.5°吗？于是就使赤道部分摆动了。岁差不但使北极和北极星不断变更，也使得一切恒星的经纬度也跟着改变。

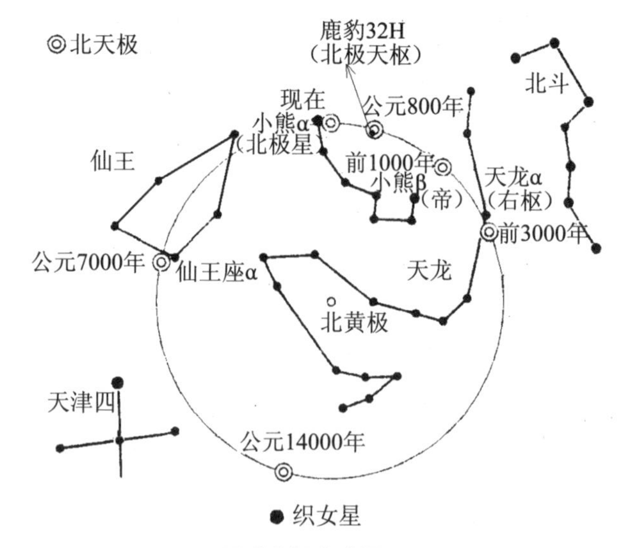

天球北极变动图

原来恒星的经度是以它距离春分点以东多少度计算,它的纬度是以天球赤道为标准的。现在春分点既继续往西移，天球赤道也不断在改变位置,当然恒星的经纬度也就不能不改变了。因此天文年历上所写的恒星的经纬度总注有以某年为准的字样。因为春分点往西移,恒星的经度逐渐加增,所以从地球上看恒星就好像是它们向东行一样,经 25800 年后又回到原来的地方。岁差现象发现得很早,远在晋朝时,虞喜就发明用岁差法来制定日历了。希腊喜帕朱斯(Hpiparchus)于公元前 125 年制定日历,发现岁差。可是其中的道理直到牛顿才把它解释清楚。讲到这儿让我想起一件事，须得声明一下：以前的人是根据春分点为标准将黄道分为十二区，即所谓十二宫的，就用那一宫所在地的星座名字命名。开始的时候，还没发现有什么不便，然而由于岁差的关系，春分点既然西移，于是这十二宫也跟着西移，但那些星座可没有西移，这样日积月累的，经过了长年累月，便完全“名不副实”了，这和恒星东行是同一道理。于是原来双子宫的地位便从双子座移到它西面的金牛座头上去了，硬给它戴上一顶双子宫的帽子，而双子座却硬给它扣上一顶巨蟹宫的帽子，真是牛头不对马嘴。所以现在有些书上星座的名字和十二宫的名字一点都不符合。我为了避免这种混淆起见，以十二宫现在所在地的星座的名字去称呼它们，使之一致。

以上的一大套无非是指明岁差改变了极星以及和其他天文现象的关系，以后我们还要提到它。现在我们再回头来讲北极星。勾陈一并不是真正的天球北极，它距离那儿还有1°多一点儿，可是随着地轴的变动，今后它还要走得更近于北极，一直要到公元2100年，那时它离真正的北极将略小于半度，然后就逐渐地远离了。你不妨估计一下自己的寿命，来做个60年观察北极星绕极而行的大计划。勾陈一距离我们有470光年，比太阳和我们的距离大3000万倍。它是一颗双星，其中较亮的一颗又是三聚星，三聚星中的两颗以3.97天的周期绕着它们共同的引力重心旋转，而这两颗又和另一星联结起来，以12年的周期绕着它们的引力重心旋转。3000年前做我们北极星的帝星，遭遇很惨，它本是当时北极附近最亮的一颗星，《史记》上所说的“天极星，其一明者，太一常居也”。其中的太一便是它。它正安然地坐在宝座上而让众星拱之，哪知好景不长，后来被天枢，再被勾陈一喧宾夺主，把宝座占去了。如今只落得和它旁边的太子星做个“北极的守护人”——见希腊传说。而勾陈一除去做极星外，尚兼做小熊的尾巴尖。整个小熊座的样子很像一个小的北斗。

北极星有什么用处？可以用它来测定纬度。北极星对我们初学天文的人有几个好处：第一，它可以告诉极准确的正北方向。第二，利用它做我们的子午线，从北极星向我们头顶画条线延长出去，这条线便是我们的子午线，尽管也并不太准确。第三，利用它来测定我们所在地以及任何地方的纬度。这是一个很有趣而简单的测量实验，大家不妨做一下。我们只要测量北极星离开地平线有多少高（这个角度叫地平纬度），就可知道我们的纬度大概有多少，准确程度当然依北极星距真正北极的远近而定。我先把原理说一下。所谓纬度就是地球表面上一个地方（某一点）至地心连线与赤道面所成的线面角的夹角。因此北极的纬度是 90°，赤道的纬度是 0°。假定北极星就是天球北极。那么当我们在北极时，北极星正在我们头顶上，那时它的地平纬度等于 90°，也就是等于北极的纬度。当我们在赤道上时，北极星正在地平线上，它的地平纬度等于 0°，也就是等于赤道的纬度。我们再看介于北极 P 和赤道 E 之间的任何地方 A。O 是地心，$\angle POE$ 等于 90° 。$\angle AOE$ 就是 A 地的纬度。AH 是 A 地的地平线。从 P 地、A 地和 E 地所见的北极星 S，都在同一方向，因为 S 的距离实在是太远，等于无限远，所以 PS、AS、ES 可以说都是平行线，虽然它们都相交于 S——平行线本来是相交于无限远的，而在无限远相交的当然也就是平行线了。作 AE' 线，使平行于 OE 线，并将 OA 线延长至天顶 Z。于是 A 地的纬度也就是 $\angle ZAE'$ 。现在我们测得北极星 S 在 A 地的地平纬度等于 $\angle HAS$。$\angle HAZ$ 和 $\angle SAE'$ 都是直角（根据定义和作图），而 $\angle ZAS$ 是这两个直角里的共同角，于是显而易见 $\angle HAS$ 等于 $\angle ZAE'$，也就是说北极在该地的地平纬度等于该地的纬度。我们如果不量它的地平纬度，而量 $\angle SAZ$，这个角叫作北极的天顶距，再从 90° 里减去此角，仍然等于 $\angle ZAE'$，也就是该地的纬度。因此我们实际测量时或是量北极的地平纬度或是量它的天顶距都是一样的。如果量前者，我们需要一块平板，或一把平尺，使呈水平地位，然后在平板上用一把尺子对准北极星看，测量尺子和平板的角度就得了。假如量后者，我们需要一根铅垂线，因为铅垂线是直指向天顶和地心的，然后还是用一把尺子对准北极星看，再测量这把尺子和铅垂线之间所夹的角，从 90° 减去此角就等于你要求的纬度。做这个测量唯一的仪器就是一个量角器或是半圆仪，做普通几何三角习题时都有的，尺子也可用不着，只要把圆规就可以了。你定出的结果可以和地图上找出的当地纬度比较一下，看看有多准确。北极星因为不是真正的北极，它也要绕着北极走一个很小的圈子，所以有时在北极的上面，有时又在下面。我们可以用平均的方法求得更准的结果。现在求一次，然后在半年后的同一时间，或是12小时以后（假如夜长的话）再测一次，求这二次的平均值。为什么要隔半年或12小时？请想一想。利用同样的道理，我们可以找出真正的北极，北极星的地平纬度既等于当地的纬度，我们就可以利用这个数值帮助我们估计天空中的角度。北斗的天枢和勾陈一相距约30º，帝星与极星相距约15º，这种经验对于观天是很需要的。

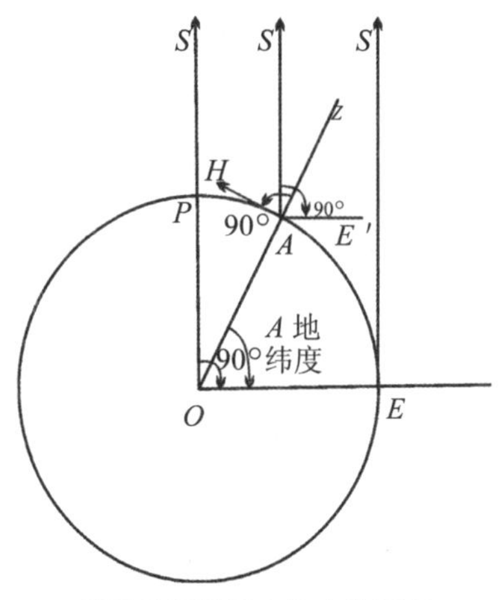

利用北极星测定纬度的原理

楼下马腹三星明，南门小星当腹处*

6月星空：近南方地平线上的一些星属于半人马座，当3000年前帝星做我们老祖宗的北极星时，半人马座很明显地悬挂在南面的半空中，可是如今由于岁差的关系，这个星座的一些主要星星都降到地平线以下去了。我国在南昌和长沙等地北纬二十八九度以南的地方，在地平线上可以看到两颗和北河同样大的星，从库楼三向库楼画一条线延长出去约1倍碰到的那颗叫作马腹一，在马腹一东面那颗更亮一些的星叫作南门二，这是一颗非常著名的星。它是1838年最初测定出恒星距离的三颗星中的一颗，离我们只有4.31光年，这一向被认为是离我们最近的恒星。后来在它附近2º远又发现到另一颗星，名叫比邻星的，距离我们只有4.27光年，这才是现在

* 引自《西步天歌》。

所知道的最近的恒星，不过这颗星非肉眼所能见，因为它的星等只有11等，太小了。你要是对于我们这个“最近邻”到底怎样近法感兴趣的话，我可以给你做一个有趣的模型，使你对恒星世界的距离可以更清楚些。假定地球绕日运行的轨迹半径，14960万千米（这叫一个天文单位）是一个半径只有0.25毫米那样大的一个点“·”，那么太阳便是一个半径只有1/8600毫米大的灰尘，要放在高倍率显微镜下才能看见。而地球呢，半径只有1/90000毫米的一个分子，要用电子显微镜放大10万倍，才有米尺上最小的毫米那一格刻度那样宽。那么我们这位近邻便是距离至少要放到65米上的一粒灰尘。天狼则是130米上的一粒灰尘。离地球最近的100颗星散布在以320米为半径的球面以内。根据同样的比例，即每一光年是16米，你不妨把那些距离已知的星体，放到这个假想的模型上去。

南门二是一颗0等星和1颗一等星构成的双星，它们的公转周期是80年，二者共同的质量是太阳的2倍。它们俩相距最近时比土星离太阳稍远点，最远时在海王星和冥王星与太阳距离之间。这颗比邻星也是属于这个系统里的，它虽然离它们只有2°，但真实距离有1万个天文单位，绕它们转一圈至少需100万年！它们因为都是我们的近邻，所以也是自行相当大的星，每年要移3.7角秒，约500年走一个月盘那样大的距离。

7 月的星空

心宿—尾宿—天秤—北冕
恒星的大小—恒星的质量

浪淘天万里山河，看苍龙还舞几回

“东宫苍龙”七宿，角、亢、氐、房、心、尾、箕，现在已全部出现在南部星空，从西南方的龙角角宿，一直延伸到东南方的龙尾箕宿。其中角、亢两宿已经在上月讲过，箕宿留待下月讲，其余我们依次说下去。先说心宿。

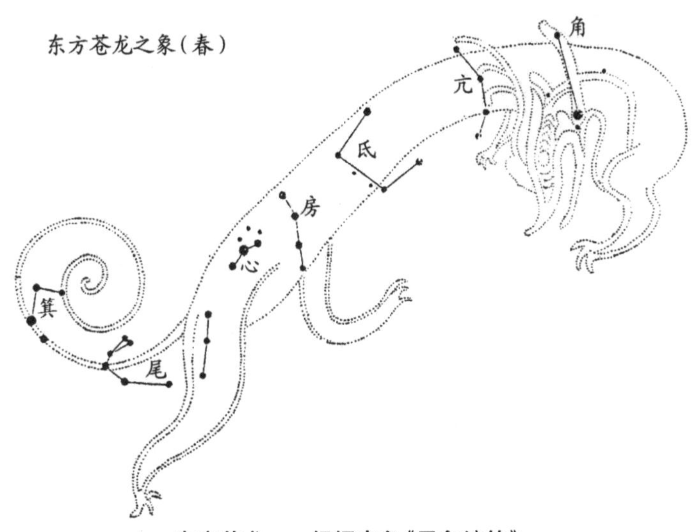

东宫苍龙——根据高鲁《星象统笺》

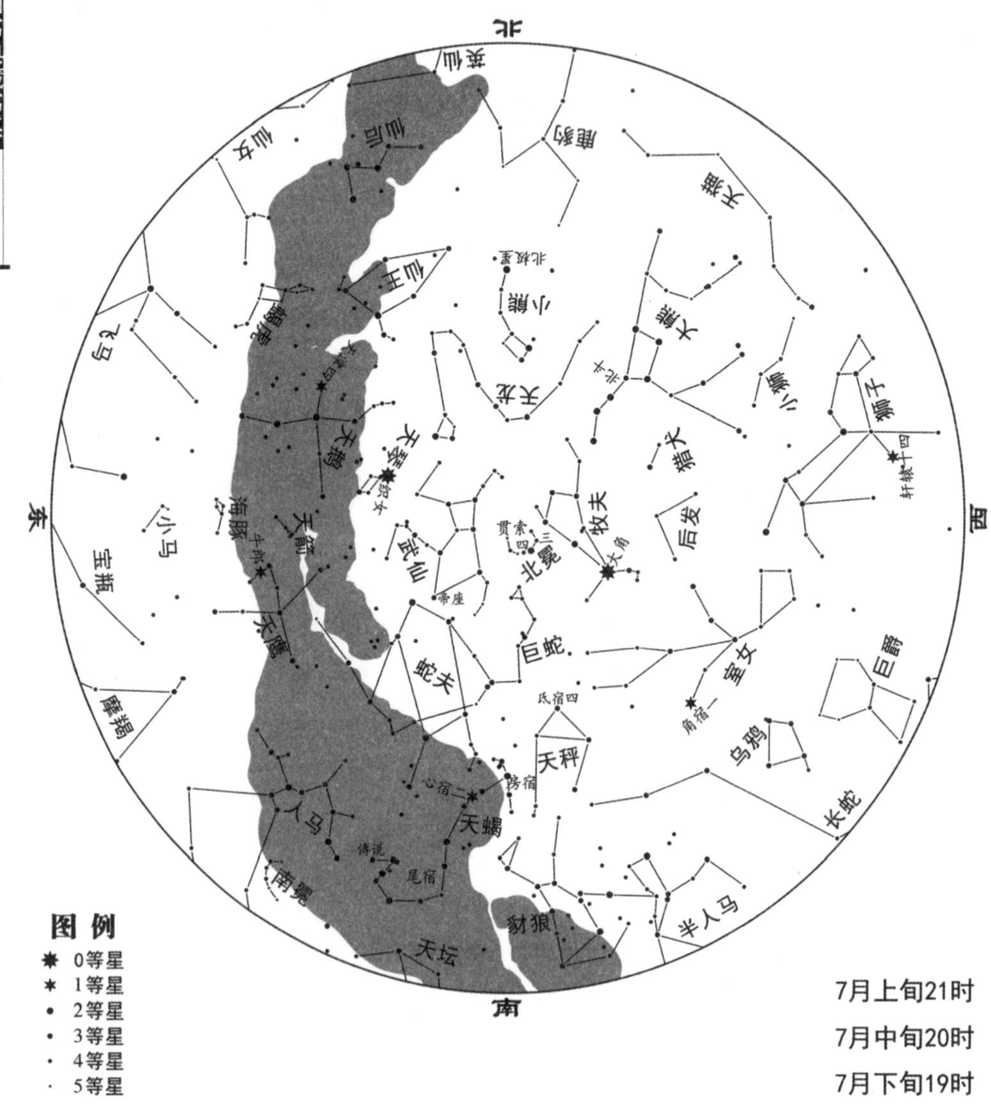

7 月星空图

参商本为高辛子，萁豆相煎何太急

在“2月的星空”里，我们讲到参商二星不相见的故事。现在参商早已下去了，于是它的对头商星上来了。天黑时，我们向正南稍偏东的地方看，可以看到有一颗通红的大星，在它两边各有一颗小星，这三颗星便是大名鼎鼎的心宿。中间那颗通红的亮星，便叫心宿二，也就是商星。假如你不敢确定，那么可以根据北斗把子的弧线，先把大角和角宿一这两颗大星找到，心宿二就在它们的东南面，和它们形成一个大三角形。如果再把它们西北的轩辕十四找着，那么这四颗星便结成一个极伟大的菱形。

心宿在我国流传至少已有3000年的历史了，主要的原因还是它那引人注目的红光，很像火星，所以它的别号叫“大火”。《左传》：“心为大火。”《礼记·月令》：“季夏之月，……昏火中。”《诗经》“七月流火”，都是指它。在古代，心宿是被用来测定季节和告示季候的。《诗经笺注》：“季冬十二月平旦正中，在南方，大寒，季夏六月黄昏，火星中，大暑退。是火为寒暑之候也。”那时的冬至点在摩羯座的牛宿附近，距离心宿约60°，二十四节气里的大寒在冬至之后一个月，太阳每天东行1°，因此在大寒左右时，太阳距心宿二约90°（60° +30°），所以那时心宿二恰好在南方中天，人们便知现在已是大寒了。半年之后，太阳走了180°，现在走到心宿二的西面约90°的样子，这时正是大暑，因此太阳下山时，心宿二在中天。随着太阳继续向东行，心宿二在中天的时间越来越早，等到天黑时，它已逐渐偏西，人们便知道大暑已经过了。《书经·尧典》：“日永星火，以正仲夏。”也正是这个意思。因此《尔雅》上说：“大火谓之大辰。”辰就是时辰。心宿二在古希腊时代是王者四星（又名坐星）之一，也是用来定方位的。

又《诗经》：“七月流火，九月授衣。”这是说在那时的阴历七月里面，大火已经走到西方，快要下山了，眼看着深秋初冬就要到来，大家这时赶紧把棉衣什么的准备好，别到时候秋风一起，再临时抱佛脚。现在距《诗经》时代近3000年，春分点西移了约30°，也就是说恒星东移了30°，因此“七月流火”应该改成“八月流火”，照阳历算更应改为“九月流火”了。

心宿告诉了人们寒暖的季候，也告诉了人们种黍菽的时候。《书经》：“火昏中，可以种黍菽。”时光是跟着星空流转的，假如我们现在黄昏时看到大火在中天，以为是该种黍和豆的时节，实际可太迟了，这话只有在阴历五月才有效。

大火简直是古代人民生活的总司令，甚至于男女的结婚大事都要取决于它，看看是不是适当的结婚时节。《诗经》上《唐风·绸缪》那首诗：“绸缪束薪，三星在天，今夕何夕，见此良人？子兮子兮，如此良人何！”还有什么“绸缪束刍，三星在隅”“绸缪束楚，三星在户”等句子。据说这首诗是讽刺晋国人因为战争关系、男女不按照规定的时节结婚的。三星一般都指心宿。对这首诗，我以为也许不是讽刺，而实在是一种内心苦痛伤感的诉怨。战争破坏了良好的姻缘，或是造成了无可奈何的独身寂寞的生活，于是从田野里打了柴回来时，看到心宿三星已在天空罩着他这个孤单的人，不由得不想到个人的终身大事，或者是远在天涯的伴侣，最初是在夜晚时看见三星在天边出来，到后来是天黑时看见它在东南隅出现，随着时光不断地流动，太阳一下山，它就在正南方——所谓“三星在户”——出现，自己的问题依然没有解决，而看到别的那些享福享乐的人，不由得感到人世的不平与个人遭遇的不幸了。

星空中呈“三星”形式出现的，除了心宿，还有参宿中间的三星和牛郎三星。因此对于上面所谓的“三星”便有了不同的意见。毛氏说是参，郑氏说是心，而近人朱文鑫氏更折中地说“三星在天”指参，“三星在隅”指心，“三星在户”指牛郎，我以为这问题还是决定于《绸缪》这首民歌流行的时代，晋国或是一般人民所认为结婚的适当季节究竟在几月里：如果在仲春，如郑氏所主张，那么三星便是心宿；如果在秋末至春初，如毛氏所主张，那么三星便是参宿了。可是如果照朱氏所说，等于从10月一直到来年7月，这样长的一段时日便无所谓婚娶之时。不过这也未尝不可以用来说明这首民谣的情绪：从秋等待到夏，依然是天各一方。

现在我们回头来谈心宿二吧。心宿二的表面温度很低，只有3000摄氏度，光比太阳亮一万多倍，它距离我们有360光年，也有说250光年的。它是最初利用光学干涉仪测定出大小的几颗恒星中最大的一颗，它的大小在当时真是令人听了咋舌：直径比太阳的大450倍。根据求圆面积的公式：πR^2，和球体积的公式：$(4/3)\pi R^3$。你可以求出心宿二的面积和体积是太阳的多少倍。火星轨道的半径也只有328个太阳的半径。因此太阳很可以绰绰有余地带着水星、金星、地球、火星到心宿二世界去游历。但是随同测量方法的进步以及测定数目的增多，心宿二已不再是我们所知道的最大的恒星了。我们在"1月的星空"里所说的御夫第五星（柱六），美国威尔逊山天文台于1937年发现它的直径不但超越了木星轨道的直径，而且还超过了土星轨道——它的轨道半径几乎有2100个太阳半径。而武仙座第一星（中国古名帝座），据说也比心宿二要大些。

光学干涉仪在某种意义上说就好像把恒星放大，使我们能够量出它们的角直径的度数。这可以说是恒星直径的直接测量法。如果把它们的直径用太阳直径为单位表示出来，只需根据下面的公式算一算就行了。

$$D''=\frac{1}{107}\times PR\ ,\ R=\frac{107D''}{P}$$

D''等于角直径的秒度，P等于视差的秒度，R等于太阳半径的倍数。心宿二的角直径等于0.04角秒，它的视差等于0.009角秒，所以它的线直径就等于450个太阳的半径。这个数目一方面决定于角直径的准确程度，一方面也决定于视差的准确程度，后者的可能差误对心宿二而言是20%，这样一来，所谓毫厘之差，便有千万里之失的现象。因此并不能给我们一个很正确的数字。所以有些书上的数值便不大一致。但是至少可以告诉我们一个大小的等级（order of magnitude，如10到100或100到1000，这算是一个大小等级）。

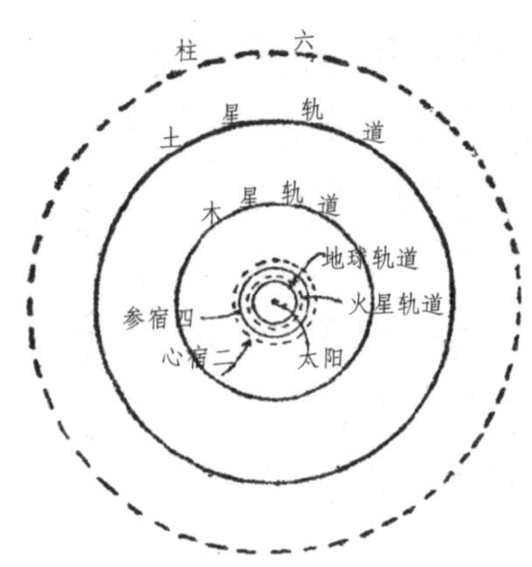

恒星直径与太阳系行星轨道的比较

用光学干涉仪测量出的恒星并不多，只限于角直径相当大的几颗星而已。因此天文学家又利用间接的方法将恒星的大小推测出来。我们可以想象到决定恒星的绝对星等(参见“3月的星空”)的有两个因素:一个是它表面的温度,温度越高,当然越亮;另一个便是恒星的面积,面积越大,当然越亮,假若单位面积放出的光亮——即强度，是一样的话。因此如果我们知道一颗星的总亮度和它单位面积的亮度，那么用后者去除前者,便可算出这颗星的总面积,从而求出它的直径。恒星的总亮度可以从它的绝对星等算出,单位面积的亮度可以从它的表面温度算出——后者则可由它的颜色知道。用光学干涉仪测量和推测法计算的结果相当地一致,这样算出的心宿二直径是0.042角秒。心宿二和参宿四这一类的红巨星,它们的密度都是很小的。前者只有太阳的五百万分之一,也就是通常空气的1/2000。爱因斯坦(A.Einstein)的引力论说:一个和心宿二一般大的星体,是不能具有太阳那样大的密度而同时还能令人看得见的;因为在那种情形下,它的表面重力太大,以致它的光线无法放射出去。这就是我们现在说的“黑洞”。

恒星的质量怎样获得？当我们看到那些“光的世界”的巨星,如参宿四与心宿二和“物材济济”极一时之盛的白矮星,如天狼伴星时,我们不禁要问这些数字是怎么得到的。所谓一个物体的密度，就是它单位体积里所含的物质分量，这是利用物体的总体积去除它的总质量而得到的。恒星的体积可以按照前面说的量直径的方法算出来，但是我们怎么可以知道它的质量呢？谁能够拿把秤去称恒星呢？天文学家“称”过地球、月亮、太阳,还有别的行星,也称过恒星,不过他们用的秤是一把思想之秤。这把秤实际上就是根据万有引力定律造成的。星体的质量和它们彼此之间的公转周期以及它们之间的距离有一定的关系；这个定律首先是开普勒(Kepler)在17世纪初年研究行星时发现的。公转周期和它们之间的距离是可以根据观察结果测知的。这条定律只能应用在双星系统里，因此没有伴星的那些光棍的质量推算就要另想办法了，幸而恒星的质量和它的绝对星等有一定的关系，因此有不少恒星的质量就求出来了，就已测定出的而言，大多数恒星的质量和我们太阳相差不远，大概在太阳的1/5到5倍的样子，有些实光辉极大的星，质量也特别大，大约是太阳一百倍的样子，大犬座里有一颗第二十七号星可能是我们现在所知道质量最大的星。它是一颗四重星，总质量是太阳的940倍，但这种情形非常稀罕。比太阳质量重10倍的星，在十万颗星中恐怕只有一颗，而小过于太阳质量1/10的也非常稀少。从这一点看来，恒星的质量相差并不大，不若实光辉和体积相差的那样显著。实光辉的相差，从剑鱼S到沃尔夫359相差达250亿倍，而体积相差更大了，从柱七到天狼伴星，总有3200亿倍(柱七约为太阳的640亿倍，而太阳是天狼伴星的五万倍)。如果拿凡马年星来算，这个数字至少还要乘上25倍。

恒星质量本是差不多的，可是由于体积相差过巨，于是密度也相差得很可观了。同样恒星之间其他的物理特性，如温度、光色等等，也远较质量相差显著。对于这些现象，我有一个很肤浅的看法：物质既是恒星的基本构造，这个构造虽有少量的量的变化，也足以引起恒星其他性质起显著的变化。“质”与“量”的转化法则，在这儿可以得到很好的说明。

天驷驰骋大火旁，房宿别号叫农祥

房宿四星纵立在心宿三星的西方，又叫天驷。《国语》“农祥晨正”，这是说在立春的日子，早晨房宿在南方中天。又说“驷见而陨霜”，这是指冬天清晨，房宿在东南方出现，正是下霜的季节。世界第一次日食的记载是我国古人做的,那次日食就在房宿发生。历史上第一颗新星(Nova)——或叫客星,也是我国在房宿发现的——事见《汉书》:“客星见于房。”所谓新星,顾名思义就是从来没有看到过的一颗大星。它忽然出现了,光越来越亮,到达一定限度时,光又逐渐暗下去,恢复到原来暗淡的程度。这种星其实就是一种变光星。有时可以亮得和金星一样,白天都看得见,称作超新星。新星目前大概每一年发现一两次,报上有时可以看到登载。这种新星差不多都出现在银河一带, 房宿可以说是近乎银河的一个星座。关于新星、超新星的解释,现在都认为是恒星内部的一种爆发现象。

黄道就在房宿上部两颗星的旁边,因此它附近是日月行星经过的地方。

九星如钩天蝎尾,傅说一点尾尖垂

7月里面我们向天空正南方稍偏东看,以心宿为中心,它的右边是房宿,它的左下手有几颗星联起来,恰像一条尾巴,也像一个英文的S字母,这就是尾宿。房、心、尾这三个星宿就是联在一起出现的,因此很容易辨识。这三个星宿合起来的中国名字叫大辰。《尔雅》上说“大辰:房、心、尾也”。它们都是属于天蝎星座的,尾宿恰好就是天蝎的尾巴。尾巴尖端的几颗星在我国俗名又叫水车星,因为很像一个小水车,但又有点像一架在飞翔中的飞机。尾巴尖旁边的傅说(“说”音“悦”),又名天策。《左

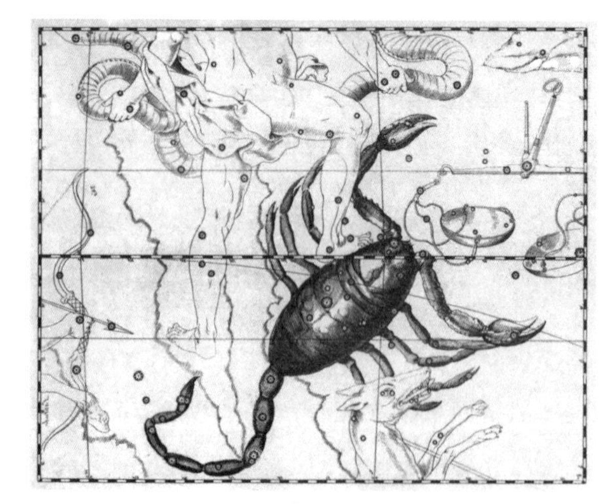

天蝎座图

传》“天策焞焞”，便是指它。

天蝎是黄道十二宫的一个星座。轩辕十四、角宿一、大火三颗星差不多全连在黄道上。银河有一条支流在天蝎的左侧，那是群星聚集的地方。

四星如斗天蝎旁，上承角亢下心房

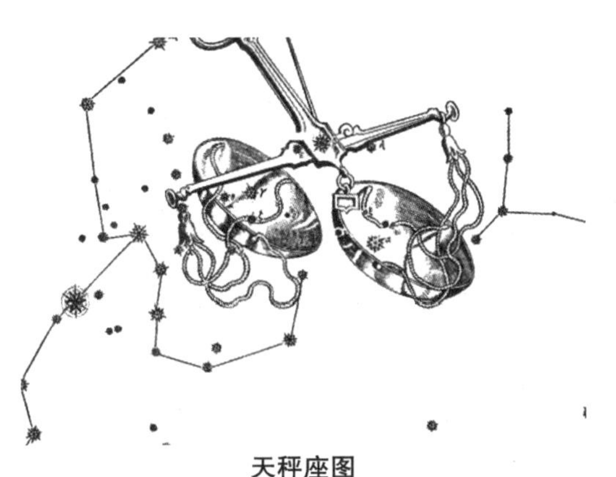
天秤座图

在房宿和亢宿中间有一个不等边四方形，那边是氐宿，也就是天秤座。其中氐宿四和大角、角宿一成一个正三角形，我们就利用这个关系来辨认它。古希腊有一个时候将天秤座并入天蝎座，算是它的两把毒钳子，可是后来又分为两个星座。至于为什么要叫天秤座，大概因为那时秋分点在这儿，因此当太阳走过这儿时，昼夜相等。在罗马恺撒大帝时代，天秤座被当作是司法之神阿斯特拉里亚的天平，用以衡量凡人的命运之用。氐宿四据说是肉眼所见唯一的一颗绿色星。

天秤也是黄道上的一个星座，黄道正从中间横过。

王冠虚置牧夫边，那堪回首话当年

7月里，在我们头顶上有六七颗星，连起来成为一个半圆，像一顶王冠，或一枚戒指，中间一颗较亮的像是钻石，那便是北冕座，中文名叫贯索。它在牧夫座大角的左上方，和大角、摇光成一个大三角形。天空有两顶王冕，一顶是北冕，另一顶在南半球，叫南冕。我们这顶王冕虽然向来很光耀，但是可惜得很，究竟经不起时间的折磨，在75000年里就将完全走样，到108000年后，将简直无从知道它还有过这么一段王冠的历史了。构成这顶王冠的仅有的几颗星，完全是貌合神离、各行其是，无怪乎终于要走上瓦解土崩之途了。

北冕座图

这顶王冠中，只有一颗较亮的星，叫作贯索一。在它上面的那一颗贯索三，贯索三本是一颗双星，两颗星绕着它们共同的重心以11年的周期旋转一圈。最近发现贯索三上面的稀土金属含量也很丰富。

这个星座无论是王冕也好，或是新娘子头上戴的花冠也好，在西方是象征吉利的。可是回教徒称呼它为“缺碗”，好像是一个破碎的盘子，已经不是吉相了。我们中国更称它为贯索，意思就是指囚徒的铁链子，这简直是凶相了，实际上我国古人以为它是关犯人的天牢。可见得吉凶占卜的不可靠了。

看南天群魔乱舞，天秤下豺狼慑服

夏夜南部的星空，大部分给以奇形怪兽为名的星座所占：西南方是长蛇、半人马，东南方是天蝎、人马，近天顶又是一条巨蛇。巨蛇座分为两段，上半截在北冕下面，这是蛇首、蛇身，下半截在人马座南斗上方，这是蛇尾。而正南方在地平线上的则是豺狼座。这个星座位在天秤的下方，天蝎座的右下手，没有什么显著的地方。逐渐往天空中回舞的天龙座和张牙舞爪的巨蛇，留待下月再说吧。

8 月的星空

武仙—天龙—蛇夫—巨蛇—斗宿—箕宿
天空的绣球花—太阳的动向—银河系中心

娇蝶翩翩织女旁，著名星团在武仙

顾名思义，武仙座似乎应当是一个很雄伟的星座，哪知道事实上它却很微弱。构成它的那些星星都不大亮，竟不太容易辨认出来。但我们可以利用现在天空上两颗最亮的恒星，很快地找到它：一颗是以前说过的牧夫座的大角，此刻它在西方半空中；另一颗便是在我们头顶上而略偏东的织女。在大角和织女两颗亮星之间的只有两个星座，一个是上个月讲过的北冕，另一个便是武仙。武仙就在北冕和织女的中间。这个星座现在正在我们头顶

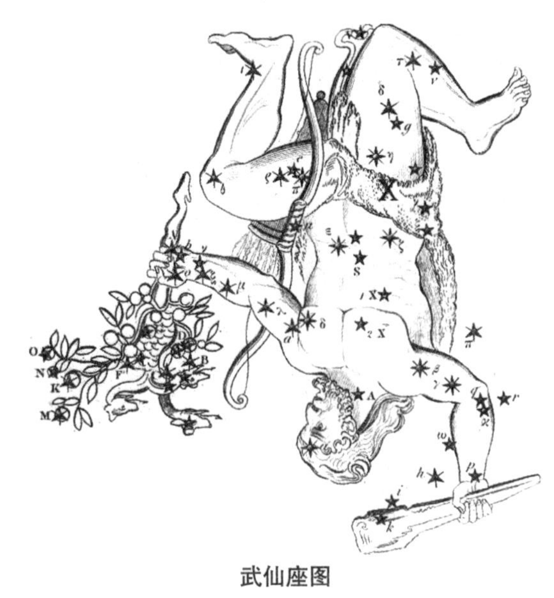

武仙座图

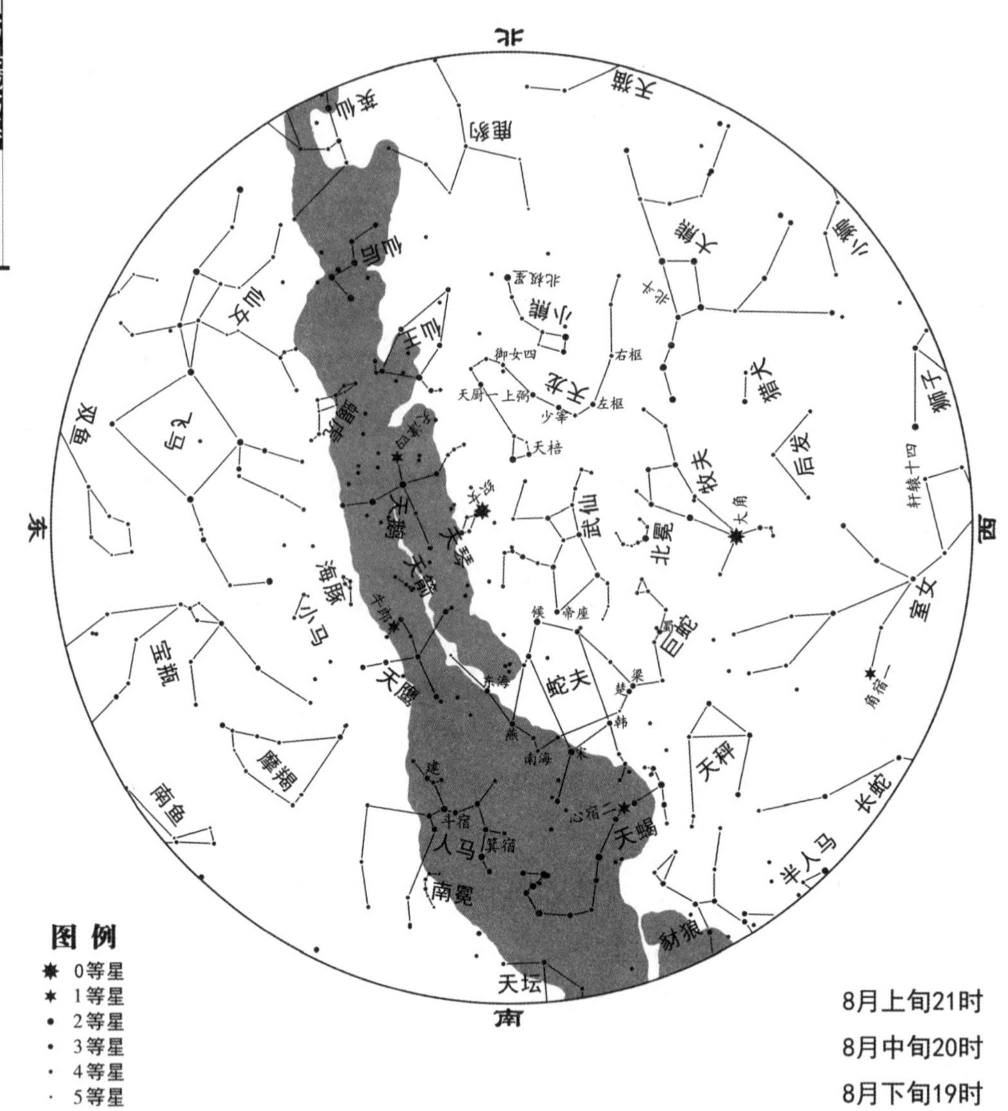
北
南
东
西
天猫
鹿豹
仙后
仙王
仙女
双鱼
飞马
蝎虎
小熊
北极星
天龙
大熊
北斗七
小狮
猎犬
后发
狮子
轩辕十四
牧夫
大角
北冕
武仙
巨蛇
室女
角宿一
天琴
织女
天鹅
天箭
海豚
小马
牛郎
天鹰
宝瓶
摩羯
南鱼
蛇夫
帝座
天秤
长蛇
半人马
豺狼
天蝎
心宿二
人马
斗宿
箕宿
南冕
天坛
右枢
左枢
少宰
天棓
天厨一
上弼
御女四
东海
南海
燕
宋
韩
楚
梁
建
侯
图例
0等星
1等星
2等星
3等星
4等星
5等星
8月上旬21时
8月中旬20时
8月下旬19时

8月星空图

上，其中几颗较亮的星联起来，构成一个倒写的英文字母“ꓘ”。你把“ꓘ”字母找到后，将各边延长，再仔细看下去，便不难发现有如上图所示的一只翩翩起舞的蝴蝶，它的两只触角正向着织女，好像向它挑战一样。这只蝴蝶便是武仙。这个星座里的星在我国都属于天市垣。

在这只娇蝶里面，包含了不少宇宙间奇奇怪怪的事物。其中至少有3件值得我们谈谈。一件是关于帝座的，一件是球状星团的，还有一件不妨称它作太阳系的桃色事件吧！

首先谈帝座。在“ꓘ”字左脚尖上的那颗星，也就是武仙座里面最亮的星，叫作帝座。它是蝴蝶的左翅尖，和北冕的贯索一与织女形成一个等腰三角形，它就是这个三角形顶角，同时又是另一个小等腰三角形的顶角。这两个三角形，结成一个修饰得很整齐的银杯。帝座这颗星近年来颇为得意，它的地位一天天在显得重要。以前心宿二是我们所知道的直径最大的恒星，可是随着测量方法的进步，现在我们知道帝座与心宿二差不多大，不愧为恒星中的“帝座”。它的直径有5.6亿千米，比火星轨道的直径还大，是太阳直径的400倍。假定它是一个圆盘，如果有人在圆盘的一端放一个信号，这个信号立即以光的速度向前进，那么在另一端的人要经过1小时以后才能看见这个信号。如果美国人雷诺想带着他的原子笔乘坐飞机到帝座世界去宣传，假定飞机不出毛病的话，那么以每小时500千米的速度去环绕帝座世界一周，若现在是20世纪50年代，要到24世纪50年代才告结束。

可是帝座并不是恒星中的“帝座”，我们已经知道御夫座的柱六比它远要大得多，此外，肉眼看不见而实际比它要大的星星着实还有呢！

帝座是一颗变幻不定的变光星，变光的周期很不规则，平均是88天，最亮和最弱的光度相差约2.5倍，差不多等于一个星等的样子。

以前我们曾经看过一些疏散星团，像什么昴星团、大熊星团等。这些星团的构成分子有些分散得很广，有些比较集中一点。武仙座给我们提供了另外一种星团，叫作“球状星团”。它们的形状比前者要规则得多，它们在宇宙中好像是一团团的雪花，或是一朵朵的绣球花，也像一群群的蜜蜂窝。它们的组成比疏散星团要紧密得多；距离当然也有关系，离我们越近的便越分散，反之，越紧密的也就越远。最近的疏散星团离我们只有80光年，最近的球状星团却在2万光年以外。但是球状星团的范围与构成分子都比疏散星团的要大得多，平均直径都有200光年，构成恒星至少也有几万颗。这样的星团已发现的不过150个（这恐怕就是我们可知的限度，至多还有10~20个没有发现）。它们是如此的遥远，所以只有顶近的五六个才为肉眼所能看见，而武仙座的便是其中之一。但即使是肉眼所能看见的这几个，也只能迷迷糊糊地看出，好像是一块小云斑，无法将其中的星一一分开。

武仙星团的位置就在"Ӽ"的右上边，天纪增一和天纪二两星之间，在后者到前者的2/3地方，也就是武仙座图上有"X"记号的地方。夏秋两季天色清朗，夜晚没有月亮的时候，具有中等目力的人都可以看到它。假如在城市里，尤其是在灯火辉煌的都市里，必须到郊区去才能看见。

武仙座球状星团

这个星团距离我们有25000光年。那就是我们今天所见到的，是25000年前的它。那时候地球上的人类恐怕还没有任何文明的迹象表现，顶多是在过着旧石器时代的生活。我们现在所见到的来自武仙星团的光，从开始射向我们的时候起，地球上一幕一幕沧桑的变化和人类文明的演进全都收入它的眼底了。

武仙星团的直径有145光年，它是一个典型的球状星团。根据摄影方法的计算，它的构成分子恐怕至少也有几十万颗恒星之多。一般说来，星团中大部分的星都集中在以100光年为直径的范围内，最集中的地方直径大约有10光年。恒星在这儿聚集得太密，好像真成了一团，无法一个一个分开来数它们了。1714年最初发现武仙星团的英国人哈雷以为这些星团所占据的空间大约和太阳系差不多大。在当时他满以为这个估计一定很大了，哪里知道我们现在拿整个太阳系——这比哈雷所知道的太阳系的直径已经要大4倍了，那时候连天王星还不知道呢——来跟星团中的核心比较，连个零头都够不上。在照片上我们所看见的这些星团里的星都是超巨星和巨星，比太阳要亮得多。否则在那样遥远的距离上，不要说肉眼，就是最强的望远镜也看不见。像武仙星团照片上所摄得的恒星，据估计有4万颗之多，其中光最弱的也比我们太阳要亮100倍。而且这个系统中至少还有十几万颗和我们太阳一样的星。可是由于距离遥远，虽然有那么多个亮太阳，我们所得到的它的光芒只有来自北极星的1/6。

球状星团的分布情形

从球状星团的分布可以知道我们自己在宇宙中间的位置。他们差不多都散布在南半球上空，其中有1/3集合在人马座附近。沙普利细心测定他们的距离之后，发现他们似乎形成一个球体的系统，这系统的直径经过校正后，约有13万光年。它的中心距离太阳约有两三万光年，在人马座的方向上，因此我们看这些星团似乎全在南半球上。不过更详细的情形还不大清楚，这主要是由于“当局者迷”所致，我们既无法立于“旁观者清”的地位，则唯有等待搜集事实来考究了。

从研究球状星团散布的范围，它们对银河相对的位置，以及它们与我们的距离之中，沙普利便断定它们是在银河系边境上的小集团。换句话说，银河系的大小是以球状星团为范围的。从这儿我们又可以推知出我们银河的大小了。又因为银河在人马座显得特别亮，于是沙普利又断定银河系的中心也就是球状星团系统的中心，这样才正式地建立起我们自己这一个结构体系的认识。因为我们对自己的体系有了明确的认识，才能去认识、去鉴别其他的体系。事实上沙普利研究的结果正是为后来银河以外系统的发现做了准备工作。

有许多星团并不能维持一个不折不扣的球状，多少有一点点扁，好像地球那样，这显而易见是因为它们的自转运动所致。它们的自转周期有人估计大约自170万年到500万年，这简直是地质学年代的数字了。

最后我们来讲一讲太阳追求蝴蝶的故事。我们这些行星各以不同的速度绕着太阳旋转，有的是单自的，如水星、金星；有的还带着它们的卫星转，如大多数的大行星，而太阳则带着这一批人马浩浩荡荡地在天空中以每秒钟20千米的速度向前飞跑。往哪儿去呢？你说它去追求织女，也不算错，你说它去追求武仙，也很对。它的真正的方向恰好就是那只蝴蝶的一个触角尖，如果科学地说，便是在赤经18°，赤纬30°的地方，这一点我们称之为太阳移动的顶点。这儿距离织女西南只有10°。怎么知道太阳是在这个地方走呢？有两个方法：一是恒星的自行，一是恒星的视线速度(radial velocity)。前者是恒星在天空方向或是在天空视位置改变的角度。自行最大的恒星每年约移10角秒，肉眼所见的恒星平均每年自行不过1秒的1/10。后者是恒星接近太阳或远离太阳的速度；通常以接近太阳，即距离缩短为负，以远离太阳，即距离增加为正。恒星的视线速度通常是每秒钟10～30千米，和行星的速度差不多：100千米以上的很少，最大的为385千米，在武仙座。所有观察的结果要扣除地球本身的自转、公转、章动等影响，纯以太阳为准。自行、视线速度、再加上恒星的距离，这三者是研究恒星运动的最主要的论据。

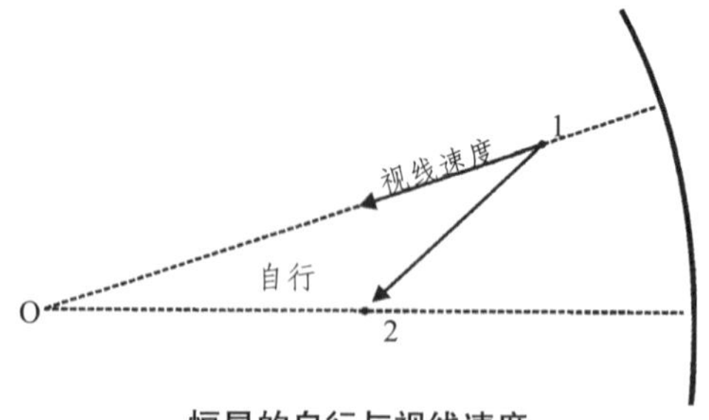

恒星的自行与视线速度

当恒星自1走至2时，从O点所见的自行为该恒星方向改变的速率，它的视线速度即它接近或远离O点的速度。

当我们乘火车，或是汽车、电车很迅速地向前行进时，我们会觉得在前面的路轨和马路两旁的建筑物树木与电线杆向我们两旁分散开，在后面的却又不断在合拢，而在两盘的则朝我们运动相反的方向移动。我们在树林里朝某一个方向走时，也有同样的感觉。天文学家在分析恒星的自行时，发现在天空的某一部分，它们一般的倾向是互相接近，而在相反的那一部分上，却是相互分离，在这两部分之间的似乎是从我们旁边溜过。这个现象最简单的说明就是我们的太阳在向恒星分离的那一部分天空移动。鲍斯（Lewis Boss）分析了6000颗恒星自行的结果，便确定了太阳运行的顶点。

我们再回到前面的例子来：当车子向前走时，前面的树木、建筑物等好像在迎面而来，而在后面的东西则又远离而去，在两旁的东西既不接近又不离去。康贝尔（Campbell）和莫尔（Moore）分析了2000颗以上恒星的视线速度，得到完全同样的结果。在天空的一部分，恒星在大体上是迎向我们而来的；在相反的那一部分则是远离而去。而居其间的平均来看，既不接近也不远离。显而易见在太阳所走向的那一个顶点附近的恒星平均接近速度一定最大，和顶点相对的那一点，叫反顶点，恒星平均的远离速度一定最大。就是这样人们测出了太阳的顶点，结果和用自行测得的很一致。利用视线速度不但可以求出太阳的顶点，而且也求出太阳运行的速度。从这里你也知道为什么武仙座有视线速度最大的恒星。

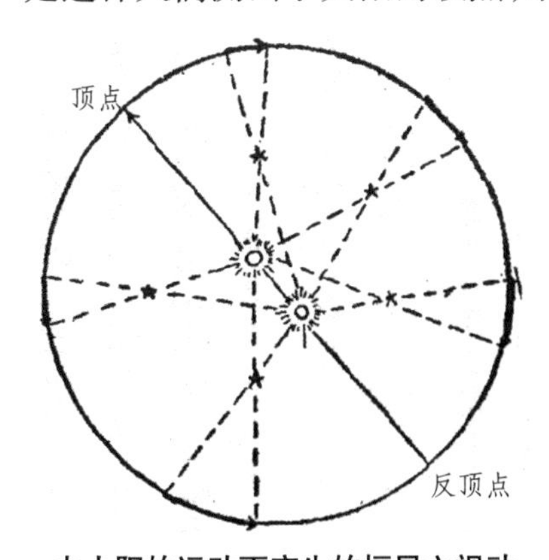

由太阳的运动而产生的恒星之视动

太阳向顶点进行，于是恒星便好像自顶点分离，而在反顶点聚集。

从太阳带着我们走向武仙座的速度，你可以求出它们一年内走动的里程。这个数目等于4个地球轨道的半径，简直赶死人了。这种速度远超过任何飞机的速度，而走起来竟是这样的平稳，这样的准确，真是够使人惊异了。

天龙回舞紫微垣，龙首天棓对武仙

天龙座是一个拱极星座，因此对北半球的居民来说是一个常见的星座。我们可以看到它长年累月、终日终夜，无休止地在绕着北极星转动。而当8月黄昏时它正好转到近乎我们上空的地方。它的头差不多正对着我们的头。龙首天棓在武仙座东北，织女座的西北。龙颔向东北伸延，到天厨为止，龙身从天厨折向西北，到御女又向西南扭转，经过少宰。最后龙尾绕向北斗把子与小熊之间，而以右枢为终点。这些星在我国古时连同大熊、小熊，都是属于紫微垣的。

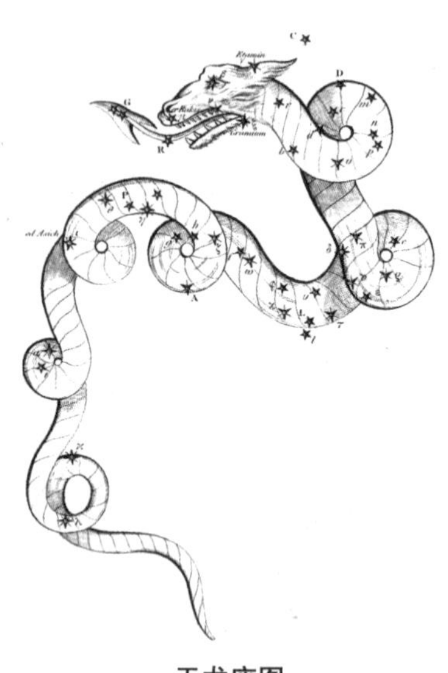

天龙座图

天龙本身没有什么可说的，但是我可以讲一个与它有关的金字塔的故事。距今约5000年前，当古埃及国第四王朝，即金字塔王朝，基奥普斯(Cheops)国王当政的时候，北极星是天龙座的右枢，还不是今日的小熊座的勾陈一。基奥普斯可以说是历史上的第一个建筑工程师。他监造了万世不朽的大金字塔。金字塔的四面正对东西南北的方向。塔里修了一间小房子，叫作御宫(Royal Chamber)，里面是专门给国王死后睡觉用的。尸体的方向是头南脚北。在御宫下面，低于金字塔地面之下，另外修了一个副宫，这是给皇后死后陪着国王睡的。在向北的那一面开了两条隧道，一条通向

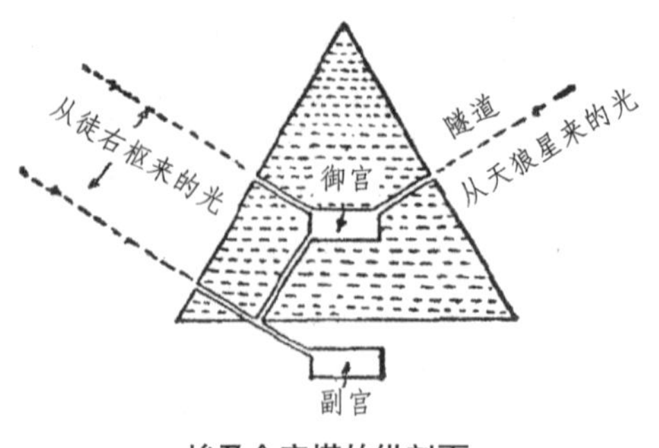

埃及金字塔的纵剖面

御宫,另一条通向副宫,使得当时的右枢的光能够射向它们。而在朝南的那面,又开了一个隧道直通御宫,使大犬座的天狼过子午线时,能够照到国王的头上。由此足见歧奥泼斯国王时代的埃及人,对于天文学的兴趣是怎样的浓厚了。

持蛇夫妙手回春,阎王殿门可罗雀

蛇夫这个星座跟武仙一样,不大显著,但是范围却很大。它散布在武仙和天蝎的中间,和帝座成一个小三角形的候星便是蛇夫的头。希腊神话上说,蛇夫埃斯科拉庇俄斯(Aesculapius),是一个著名医仙,相当于我国的神农氏。他因为医道极好,能使死人复活,于是阎王爷大起恐慌,申言要制造事端,结果,天帝为息事宁人,便把前者安置在天空上而成为蛇夫。他手持的巨蛇不过是他行业的一种标志而已。这个星座里面全部的星在中国都是属于天市垣的。

蛇夫座图

这个星座里面最有趣的东西还是银河。银河有一条小支流在宗人东北流过。这支流和天鹰座的银河主流相对而过，中间有一条黑带隔着。有人说这条黑带好像是银河中阻隔着的一道沙洲而将它分为两支。事实上这条黑带正是一片暗云，亦称为黑暗星云（和猎户座暗云一样），覆盖在银河上面，阻挡住几百万颗恒星，使我们看不见它们的光。据天文学家罗素（H.N.Russell）说，这块暗云距离我们约有400光年之遥。因为星光一点都没有穿透过来，很可能这些星距离我们还要远两三倍。这些暗云都是宇宙的灰尘颗粒所构成。格林斯坦（Greenstein）认为这些颗粒的直径大概从千分之一到十万分之一英寸（1英寸＝0.0254米）。

另外银河还有两个地方在蛇夫座被这种黑暗分子隔成一块一块的。其一在宋与南海之间，其二在天江与天蝎之间。尤其是后者，银河在那儿真是浓厚得成为“牛乳路”（Milky Way）了。

银河在持蛇夫座

恒星自行最大的星，名叫巴纳德星（Barnard’s star）的，就在这个星座里，这就是巴纳德于1916年首先发现的。它每年自行$10\frac{3}{10}$角秒，在180年之内可以移动相当于一个月盘那样大的距离。假如恒星都以这样的速度自行的话，不消我们一辈子，所有的星座的位置都要完全改观。幸而这样的星只是一个例外，而且也非肉眼所能看见的。

北冕炫耀巨蛇畔，东西两段天市垣

蛇夫所持的巨蛇从他的身上横过，因此在天空便分为东西两段。蛇的上半截在西面，下半截在东面。上半就在北冕和氐宿的中间，而蛇头刚好对着那顶王冠，好像有点垂涎的样子。巨蛇的西段也有一个肉眼可以看见的球状星团，光度相当于一颗4等星，位在从蜀到氐宿四距离的2/5上面。

持长弓直指天蝎，勇射者力除妖孽

人马就是一个半人半马的怪物。因为他拿了弓箭直射天蝎，所以又叫射者。我国著名的南斗六星和箕宿便在这个星座里。它们就在尾宿的东面。为了便于指认，曾有不同的图样把他们联系起来，有连成茶壶形的，弓箭形的，也有连成乳勺的。我国则把它们连成一个斗勺和一个簸箕。

人马座图

维北有斗，不可挹酒；徒拥虚名，不如没有

南斗六星现在正在正南而偏东的地方出现，在心宿大星之东，巨蛇东段之东南方。这把斗比北斗小得多，而且里面的星也没有北斗的亮。

黄道就在斗把端的斗二和斗三两星间穿过。而冬至点也在这两星的东面，箕宿一的北面。太阳每年于12月22日或23日走过这儿，从北半球上看，它距我们最远，最倾斜于南方，也就是白天最短夜晚最长的一天，过此以后，太阳就逐渐北移，白天逐渐增长，夜晚逐渐缩短。

在斗宿之北，紧靠着它的一排星叫建。黄道就在它和斗宿之间通过。《礼记·月令》上所说"仲春之月，……旦建星中"，又说"孟秋之月，……昏建星中"，现在因为春分点西移的关系，时间要移后一个月了。南斗把子和建附近是行星时常出没的地方。

维南有箕，不可簸扬；徒美其佩，邦政不昌

箕宿在南斗把子的下面，那个不规则的四边形就是。《诗经·大东》篇上说："维南有箕，不可以簸扬。"又说："维南有箕，载翕其舌。"簸箕在古代是农事上的一个工具，用以对着风，将颗粒抛起以除去糠秕的，如今乡间还有这样用的。"维南有箕，不可以簸扬；维北有斗，不可以挹酒浆。"这是说箕宿和斗宿纯粹是个装饰品，一点使用的价值都没有：既不能除糠秕，又不能给人斟酒。这两句诗完全是讽刺当时那些徒具形骸不务实际，装模作样的政府，碰到这样的政府老百姓可真是倒霉死了。

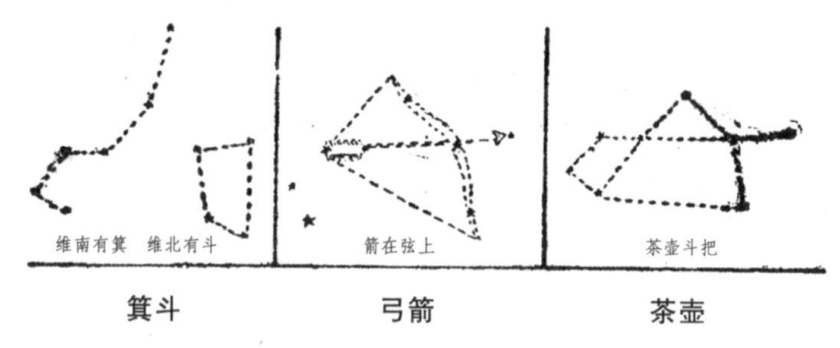

箕斗　　弓箭　　茶壶

人马座是银河最稠密的地方，特别是南斗把子和箕宿所处的那一块，看去真像是一块薄薄的白云停在那儿。这一块最亮的地方便是银河系的中心。球状星团系统的中心也在这儿，因此大多数星团都在人马座，其中有一个叫M22星团就在斗宿五到斗宿四再延长2倍的线上，是肉眼可以看见的。在茶壶盖上除去有很多星团外，还有不少气体星云。恒星星云和气

体星云不同的是前者经过强大的望远镜可以分为无数微弱的星星,而后者则不能够,因为它们本身是由于灰尘构成的。由是我们知道所谓恒星星云无非是恒星聚合体而已,只可称之为星海或者是星汉。

从恒星在人马座分布得特别浓密一点看来,在这儿微弱恒星的数目比在天空相反部分的要多5倍,天文学家便推测银河系的中心也在人马座。

关于银河详细的情形留待下月再谈。

人马座的三裂星云

这是和猎户大星云一样的气体星云，它们都是被照亮的宇宙间一堆一堆的灰尘所构成的。

银河在人马座

图左和中央部分是银河最亮的地方，银河系的中心就在这儿附近。稍右面黑色的一片便是银河中的“垃圾堆”。

斗下圆安十四星，虽然名鳖贯索形*

在斗宿南面有十几颗星连成一个圆环，很像北冕座，因此学名叫南冕。这个星座在北方看不大清楚，因为它离地平线太近。最后请你别忘了：在旧历七月七日看看牛郎和织女是否真的会过河相见。

* 引自《步天歌》。

9 月的星空

织女—牛郎—牛宿—天河—天鹅
自然界的原子弹—银河的构成

夏末秋初时候，最使我们感兴趣的星，无过于牛郎和织女，以及那条贯穿东西，将牛郎织女分隔在天各一方的银河了。我记得 16 年前，也正是这个时候，父亲教我们认这两颗星，并且还教我们读杜牧的那首秋夜诗：“银烛秋光冷画屏，轻罗小扇扑流萤。天阶夜色凉如水，卧看牵牛织女星。”觉得真有趣。一年里面也只有这个时候躺在草地上或是靠在躺椅上，仰视星空，最可以得到欣赏天空的乐趣。头顶上是织女，在她的东南是牛郎，牛郎两边是他们的两个孩子，织女的梭子在牛郎织女之间，而与牛郎为伴的那头牛大哥则在他的下面。关于牛郎和织女的传说很多，有一种说法是这样的：王母娘娘的外孙女织女和另外六个宫女一块儿在洗澡，澡洗完之后，织女的衣服被牛郎偷去了，没有法子，于是只好嫁给牛郎。他们生了一男一女。有一天，织女将原来的衣服骗取到手，就逃走了。牛郎发现后便紧追不舍，眼看着就要追到了，不料王母娘娘用发钗在织女后面画了一下，立即成了条大河，阻住了牛郎的去路，牛郎只有望河兴叹。但因为牛郎实在太爱织女，于是王母便允许他们每年在七月七日那天会一次面。另外一个传说是，天帝的孙女跟牛郎成天谈恋爱，两个人什么事都没心思做，于是天帝在盛怒之下，便把孙女打发到河的西边，罚她成天织布；又把牛郎打发到河的东边，叫他成天看牛。但他们俩的情爱太深，连鸟鹊都感动了，它们自动

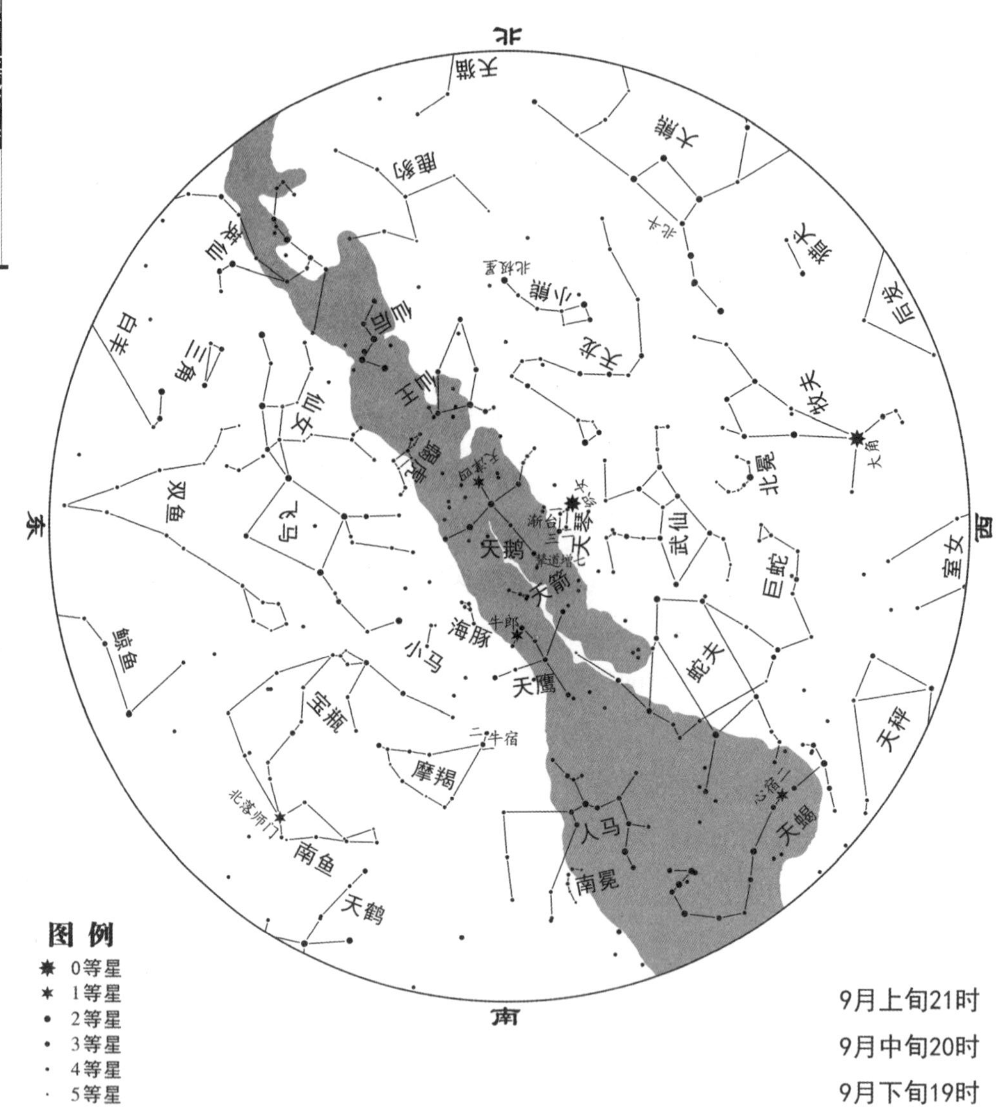
北
东
西
南
天猫
大熊
鹿豹
英仙
仙后
小熊
北极星
北斗
猎犬
后发
白羊
三角
仙王
天龙
牧夫
大角
仙女
蝎虎
天津四
北冕
织女
天琴
双鱼
飞马
天鹅
武仙
室女
巨蛇
天箭
鲸鱼
海豚
牛郎
小马
天鹰
蛇夫
宝瓶
天秤
二牛宿
摩羯
心宿二
北落师门
人马
天蝎
南鱼
南冕
天鹤
图例
0等星
1等星
2等星
3等星
4等星
5等星
9月上旬21时
9月中旬20时
9月下旬19时

9月星空图

地给他们送信。天帝也在感动之下，允许他们每年相会一次。又说“七七”这一天如果下雨，那定是他们俩相对倾诉离愁时哭泣所下的眼泪。

上月会请你在“七七”注意看织女和牛郎是否相会。结果怎么样？这真是个大悲剧。别说“七七”他们不能相会，他们是永远没有相会的希望的。原来把他们分隔在东西两边的那条大河，至少有1万光年的宽广，你想除去“想念与想象”之外，什么东西还能比光更快，能在1天之内走完1万光年的路程呢？那么为什么要说他们在“七七”这一天相见呢？我想这也许因为在古时，牛郎和织女在“七七”的黄昏相继走过子午线的关系吧。

织女和牛郎这两颗星的名称由来已经很久，远在一首失去作者姓名的古诗上就讲到他们：“迢迢牵牛星，皎皎河汉女。纤纤擢素手，札札弄机杼。终日不成章，泣涕零如雨。”我们现在依次讲讲上面传说中的主角、配角，还有那座布景——天河。

终日七襄无止休，问君织得几多愁

天琴座图

《诗经·大东》篇讽刺那些“徒见列于朝耳，何曾有用？”的官僚制度时，把织女也骂了一顿：“跂彼织女，终日七襄。虽则七襄，不成报章。”古人将天空分为12个方位：子、丑、寅……戌、亥。织女每天从东方卯位走到西方酉位，一共走了7个方位，好像忙得不得了，可是你看到她织成什么东西没有？如今，织女天黑时走到午位，在北纬

40°地方的人看去，刚好在他们头顶上，或稍偏西一点。你只要在你头顶附近找一颗最亮的星，那颗星必是织女无疑。织女是此刻我们北部天空中最亮的恒星。从北斗斗上的天玑向天权画条线，一直向上延长大约10倍的样子，也可以找到它。

织女还有两个特点。在它两边各有一颗小星，形成一只小角，织女便在角的尖端。在它南面，有一个小的平行四边形，其中有一角就在织女旁边。所有这些星合起来便是天琴座，而织女的学名便叫天琴第一星，又名Vega。它距离我们26光年，是我们的一位近邻。在整个星空中最亮的22颗恒星里面，只有4颗是近于16光年的，织女是第六颗最近的亮星。它的表面温度相当高，约10000℃，和天狼差不多，这我们只要看它那稍带蓝色的白光就可知道了。它的直径为太阳的2.5倍，质量为太阳的3倍，从直径可求出它的体积；用体积去除质量，等于密度。结果太阳的密度反比它要大5倍。不过织女因为比太阳大，同时表面温度也比太阳的高，因此它比太阳要亮50倍的样子，在我们讲到北极星时，曾经说到由于地轴方向变动的缘故，织女将在12000年后做我们的北极星，又大又亮，多动人啊。可是假定30年为一代，便要到我们以后的第400代子孙方才可以看到。在14000年前，它就曾做过我们的北极星，可是那时候人类的历史，还正在旧石器时代与新石器时代之间的阶段呢！

下面来看看质量相当大的双星系统。天琴座里很有些惊人的故事。第一就是平行四边形上的渐台二那个双星系统。在质量已知道相当准确的双星中，它们可算是质量最大，也是实际组成中最奇特的。其中较大的一颗，质量为我们太阳的50倍，差不多装得了1700万个地球的物质。那颗较小的星，质量也相当大，为太阳的43倍。像质量这样大的恒星我们在前面说过是非常稀少的。至于它们实际的大小也够令人叹为观止：如果把地球缩小为一个棒球那样大小放在我们掌心中，那么渐台二该是两个连足球场都容不下的大球体。根据同一比例，太阳只不过是一个直径8.5米还不到的球体。

这两颗星不但大，而且相距得极近。它们彼此之间的距离连太阳到地球距离的1/3都不到，比水星和太阳的距离还要小些。虽然太阳和地球距离的1/3也有5000万千米，在这段距离上可以放36个太阳，但是和这两颗星的直径比起来，只有它们的1/10和1/8，所以可以说这两颗星几乎碰在一起了。下图是照比例所画的渐台二的双星系统。

这两颗大星靠得这样近，它们各自的大气就在它们之间的空中互相掺和。又因为它们互相绕着旋转，因此有一股气旋从温度较高的一个流向较冷的一个；另外一股气流则因为旋转而生的离心力关系，继续不断向空中放出，经过几百万年的累计，便形成一层稀薄而发亮的气体，包围着整个的双星系统。

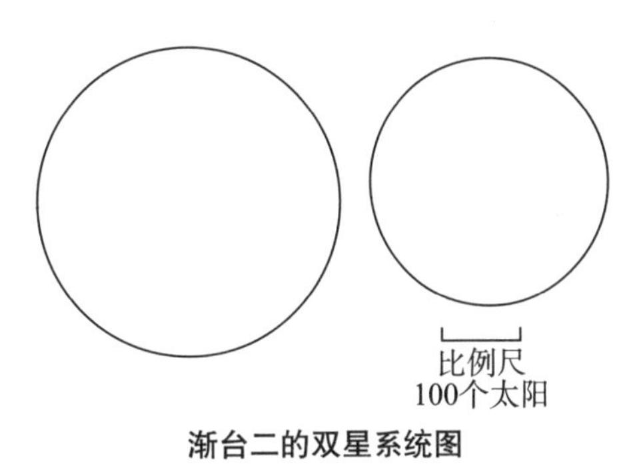

渐台二的双星系统图

天文望远镜告诉我们，织女二是由5个成员构成的一个复杂系统。它们绕着它们共同的引力重心，也许以几百年到几千年的周期旋转一周。

现在我再将天琴座的另一颗大星介绍给你。在渐台二到渐台三而接近后者处，有一个著名的环状星云，必须用高倍的望远镜才看得见。这种星云又叫作“行星星云”——其实它与行星并没有一点关联，只不过用望远镜看起来像一面椭圆的盘子，和行星一样。大部分的行星状星云中都有一颗恒星，这颗星爆炸时，猛烈地放出大量的气体，结果就形成一个很大的气体范围。从每一方面看，行星星云和新星外面的气体范围都很相像，因此便可以知道它们有密切的联系——可

天琴座的环状星云

以说都是恒星爆炸的产物。行星星云的平均直径差不多有15000亿千米，也就是约有地球与太阳之间距离的1万倍远。从它们椭圆的形状看，可以知道它们也有自转，而实际上也确实有的。它们和新星的气体包围一样，都不断地在向外膨胀，不过比后者的速度要小得多。前者每秒钟不过20千米，而后者长达好几百千米。也许爆炸以后经过几百年的间隔，其膨胀速度会缓慢下来。曾经有人根据假定膨胀速度不变，去推测一个这样的星云的寿命，就是从它开始爆炸起一直膨胀到使它稀薄得看不见时为止，只有3万年的样子。3万年在恒星世界里只好比人间一日中的1秒，因此充其量，行星星云不过是个暂时的现象而已。目前已发现的行星星云约有1500个。

天河太辽阔了，鹊桥也是不可能的，我替织女想了另一个有效方法来传达她对牛郎的爱，用流星群携带她的爱情向海阔天空投出去。天琴座流星群的放射点就在织女的南面不远的地方，每年4月16日到22日出现，最后的时候在21日，那时天琴座要在晚上10点钟才从东方出来。

最后我们要提出，织女是首先于1838年定出恒星距离来的3颗恒星之一。定它的是俄国天文学家斯特鲁维，定天津增廿九(61 Cygni)的是德国的贝塞尔(就是理论上发现天狼伴星的那个天文学家)，定半人马座南门二的是英国汉德森。关于测定恒星距离的原理，我们在“4月的星空”里已经说过了。

北斗佳人双泪流，眼穿肠断为牵牛*

我们再来看看牛郎吧。这颗星还有一个名字叫河鼓二，学名天鹰第一星，位置在织女的左下方。织女在中天1小时后，它就跟着移到中天，这两颗星与蛇夫座的候星或大火(心宿二)连成一个三角形，因此很容易辨认。

* 引自《织女怀牵牛》。

天鹰座图

每年这个时候，在南天半空中或再高些，而近于子午线的那颗大星，必是它无疑；行星没有它走得那么高。看到这颗星使我想起“一·二八”那年初我最初认识它的时候，那天夜晚它所发的光一直到现在(时为1948年——编者)才算正式到达我的眼睛里。同样，地球的光射到牵牛上，也要16年工夫，所以它也要等到今天才看到16年前还在少年时代的我，当时睁着大眼睛，在父亲的指点下瞪着眼看它。16年的间隔，对于牵牛原来算不了一回事，可是我呢？已经从一个小孩长成一个大人了！

牛郎是第四颗距离我们最近的亮星。它没有织女那么远，那么亮，那么大，那么重。它的光只比太阳亮9倍，直径只比太阳大1/2，质量也不过比太阳的大1.5倍。在所有的恒星中，牛郎可以说是一颗长得非常平均的恒星：既不太大，也不太小。可以说是一个中层阶级。但在恒星中它之所以那么亮，完全是因为距离的缘故。牛郎是航海九星之一，对水手辨认方向颇为重要。在牛郎两旁的两颗星就是传说中它和织女所生的孩子。

金梭且代爱神箭，往返牛郎织女边

主角牛郎织女算是讲完了，再来看它们的配角吧。先看织女的梭子，这是在天河上面的一个小星座，学名叫天箭，这箭像是射穿牛郎和织女之心的爱神之箭，中文名叫左旗，在织女和牛郎之间全长1/3上，而近于后者，和后者与吴越差不多成了一个等边三角形。样子很像一支箭，一把叉子，也很像一个横卧在天河上的小Y字。

不种田来不服箱，优哉游哉伴牛郎

从织女向牛郎画条线，向南延长约1倍，碰到的两颗小星就是牛郎所牵的牛，叫牛宿，它是属于摩羯座的，这个星座要到下个月才能看得更清楚。牛宿二是一个很复杂的双星系统，那点铅笔尖样大的亮光是由6颗星集体发射的结果。牛宿一也是一颗双星，有人说不用望远镜也可以区分开，你不妨也试试。

我国古时称牛宿为牵牛。《诗经·大东》篇上说“睆彼牵牛，不以服箱”，是说它虽然叫作牵牛，却不能驾车，又有什么用呢？到后来也有称牛郎为牵牛的，那我们只有从意义与写作的时代上去分别了。

天箭和天鹅之间还有一个小星座——狐狸座，继白矮星之后发现的一种更为致密的天体——中子星，就是在狐狸座发现的。1967年，在英国的穆拉射电天文台，女研究生乔瑟琳·贝尔(J.Bell)在导师安东尼·休伊什(A.Hewish)的带领下，用一套射电天线阵，发现狐狸座有一个天体具有出乎意料的快速射电变化，发射的是固定的射电脉冲，每隔1.337288秒出现一个，简直像一台“宇宙时钟”那样精确地滴答走动。科学家最后证明，这种脉冲信号只能来自星体的自转，而自转发出这么短促脉冲的星体半径只能是10千米左右。

前面我们提到天狼伴星时已经知道，白矮星具有超常的密度了，太阳大小的恒星，可以坍缩成地球大小，形成白矮星，那么如果质量更大的恒星继续坍缩呢？ 1935年，印度出生的美国天文学家钱德拉塞卡（S. Chandrasekhar)求出，如果恒星质量超过太阳的1.44倍，星体燃烧完毕后将继续坍缩。1932年中子被发现后，苏联物理学家朗道(L.Landau)预言：超过太阳质量1.44倍的恒星停止核反应坍缩时，电子会挤进原子核，与质子合并成中子，算上原子核里原有的中子，整个星体仿佛一个主要由中子组成的大原子核，靠中子的简并压力与引力抗衡。这种致密天体称"中子星"。据奥本海默（J.Oppenheimer）等人的计算，中子星半径仅10千米左右，也就是说，"个头"与珠穆朗玛峰差不多。

贝尔发现的天体恰好与当年朗道预测的中子星半径完全吻合。后来，其他证据也都说明，这些脉冲星应该就是中子星。

据理论分析，当坍缩星的质量超过"奥本海默"极限（2~3个太阳质量）时，中子的简并压力也将无法与引力坍缩抗衡，恒星会向中心点无限坍缩下去。这样，以该点为中心的一个球形空间内，引力会大到连光也逃不出来，任何物质都只能进不能出。1969年，美国科学家约翰·惠勒（J.Wheeler）给这个星体起了个形象的名字"黑洞"。

八月凉风天气清，万里无云河汉明*

我们现在极概略地来谈谈银河。大概因为人们多缺乏"自知之明"吧，谁也想不到我们自己也是银河中的一分子。不但我们，就是天空中所有那些闪耀的恒星，也都是银河的一分子。许多恒星好比大家族，这大家族的名称就叫作"银河系"，或者"天河系"。从地球上看去，我们这些兄弟姐妹——不，应当高升一级，叫叔伯姑婶才对，因为它们和我们的太阳同辈，大多数聚集在那条隔离牛郎和织女的天河方向上。那条似云非云的清浅的银河是由无数的星星构成的。它差不多将天空分为两个相等的部分。又因为银河的中线和天球赤道倾斜62°，所以在夏天我们看它是从东北通过天顶而向西南蔓延，起自英仙、仙后、仙王，到天鹅分为两支，而尽于人马座和天蝎座。冬天刚好相反，从西北通过天顶而流向东南，起自仙后、御夫，

* 引自《明河篇》。

经过金牛、双子，而尽于猎户、南船，等等。

银河系这个大家族的构成分子，据天文学家的估计，至少有1000亿颗恒星——这个数字，不是“数”出来的，而是“称”出来的，是用思想的秤称出的。天文学家计算出银河系的质量相当于1000亿到2000亿个太阳的质量，取其大数，再假定其中有一半质量是所谓星际物质（intersterllar material），就是存在于各颗恒星之间的那些灰尘垃圾，于是结果便等于1000亿颗恒星——你知道，太阳是一颗中等的恒星。但1000亿颗恒星到底有多少呢？我们不妨按照金斯的比喻来看。全天肉眼所见的恒星总数不过6000颗，在我们头上的不过3000颗。如果要想象银河系的所有的恒星数目，那我们必得假想有一个极大的图书馆，其中至少有1000万本相当于本书这样大小的藏书。全部藏书的字数就等于全银河系的星数。假如我们以1分钟读3面（其实是不可能的）的速度，每天读8小时，需要4000年才读得完。同样，假如我们以1分钟数1500颗恒星的速度去数，就需要4000年才数得完。我们地球是其中一个渺不足道的太阳的附庸，在这个大图书馆的藏书

《银河的起源》

文艺复兴时期意大利著名画家丁托列托作。

中，比书中的一个逗点“，”还要小得多，恐怕只是用显微镜才能看到的一粒灰尘罢了。就是这么一粒灰尘，在300年前，某些人——硬要说它是宇宙的中心，一切的星体都是为了要绕着它旋转和照耀才产生的，你说这种妄自尊大的态度可笑不可笑！

天空并没给我们装下一面镜子，用来照出我们银河系的相貌，但也正如同并没有一面镜子能照出地球的样子，而我们仍能准确地知道地球的相貌一样，虽然前者更为困难。银河系的相貌完全是靠着“看”“数”“算”三管齐下来决定的。“看”是观看其他的宇宙、星云来作为我们自己的借镜；“数”是计算恒星在天空分布的情形，计算其他的天体，如星团、行星状星云等散布的情形，求它们在天空的密度和距离；“算”是最后根据前二者的结果来推算我们自己银河系的形状。其中最困难的，也是最重要的，是“数”这一步工作。荷兰天文家卡佩提恩（Kapteyn）继天王星发现者赫歇尔所倡，差不多数了一辈子星星，更充实了后者所提出的银河构造说。根据他们的学说，银河像一块中间厚而边缘薄的圆饼，也像一只表，或者像个运动场上玩的铁饼。因此从中心顺着边缘（即向着长短的方向）看去，由于在这个方向上含有更多的星，所以在天空中便形成了一条带状物的天河。而向着厚薄的方向看去，由于在这个地方上含有较少的星，所以在天空所见的只是疏疏落落的恒星而已。你说卡佩提恩是在钻牛角尖吗？不，他是在大前提下的“小题大做做到底”，他的精神与工作都是值得赞美的。

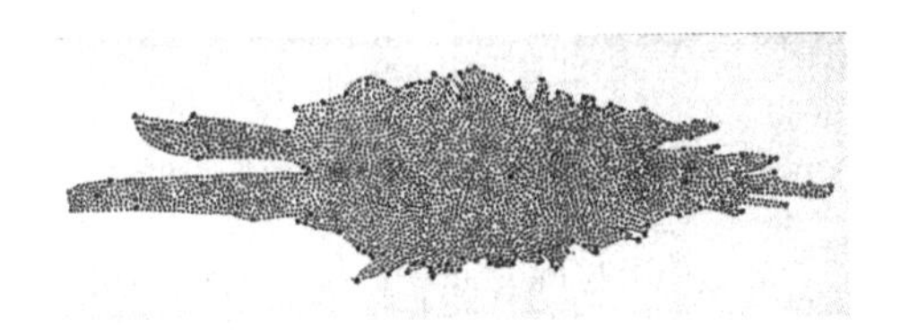

赫歇尔“数”出来的银河系模型

以前我们说过银河的中心在人马座的方向上，它的北极在后发座，南极在玉夫座。从银河平面两个恒星的密度差不多这一点看来，我们太阳可以说距这个平面并不太远。但是从球状星团和恒星星云在人马座表现得特别浓密，又可推出我们太阳并不在银河的中心，如赫歇尔—卡佩提恩最初所主张的，而是在距中心还有3万光年的地方。最近也有人认为我们银河系是一个旋涡星云，有点像三角座里的M33那个星云，不过比它要大得多，由一个巨大的核心构成，四围有两道恒星旋臂，以及很浓重的星际灰尘和气体所环绕。银河系的直径大约有10万光年，核心地方的厚薄有1万~2万光年。在中心地方恒星的密度比边缘的要紧密得多。在银河中心附近，每100立方光年的体积里有恒星1500颗。而沿银河平面，距中心1万光年处，每100立方光年只有150颗星。在3万光年的地方，同体积的空间内只有15颗星而已。按照地球轨道半径是一个“。”的比例，你可以造一个银河系的模型(参看“6月的星空”)。

三角座的M33星云

从极遥远的天空看我们自己的银河系时与它相仿。

从恒星的分布上我们知道银河是一个扁平的东西，从这个事实以及其他的证据，我们又推出银河也在自转。因为它的体积太庞大，需要2亿年自转一圈，但是它的自转速度并不一致：离中心近的快；远的慢；有如行星绕日的快慢也不是一致的。在这儿不禁令人感到岁月过得太缓慢：地球自从太阳系里诞生出来以后，银河不过只转了数十圈而已。但是每颗恒星绕着银河中心旋转的速度是惊人的。例如太阳系的速度就是每秒钟 250 千米。假如有一天我们能到太空去，看银河那个大车轮旋转，那该多有趣啊。这里呈现出一幅极其复杂的运动图：地球有自转，有公转，公转速度是每秒30千米，而太阳又带着它那一群喽啰以每秒20千米的速度奔向织女，可是太阳所属的那个旋臂又以每秒 250 千米的速度带着它们绕银河中心而转。银河系的存在原是建立在运动上的——它是物质引力与离心力共同作用的结果，也正像太阳系的存在一样，否则它就要垮台了。

关于牛郎织女的人物叙述至此完毕，下面再说别的。

银河横列十字架，天鹅聆乐织女旁

在织女的东面，和牛郎织女成一个大直角三角形的那一颗1等亮星，叫作天津四，学名天鹅第一星。我们如果以这颗大星为顶点，把它西南方几颗亮星连起来，会发现有一个非常伟大的十字架形，横卧在天河上面。这个便是有名的“北天十字架”。全部十字架属于天鹅座。十字架上除了底下的一星，在中国都叫天津。

天鹅座图

天津四是天鹅的尾巴。这颗星可以说是亮星中最远的一颗，它离我们至少有700光年，可是根据最近的估计，也许有1900光年。如果这颗星和我们太阳一样近，不但我们的眼睛要被它的光芒刺瞎，整个人体也要被它的炽热燃成灰烬了。它比太阳亮18万倍，直径比太阳大135倍，差不多比地球大15000倍，可是在我们眼中，它并没有特别出奇的地方。

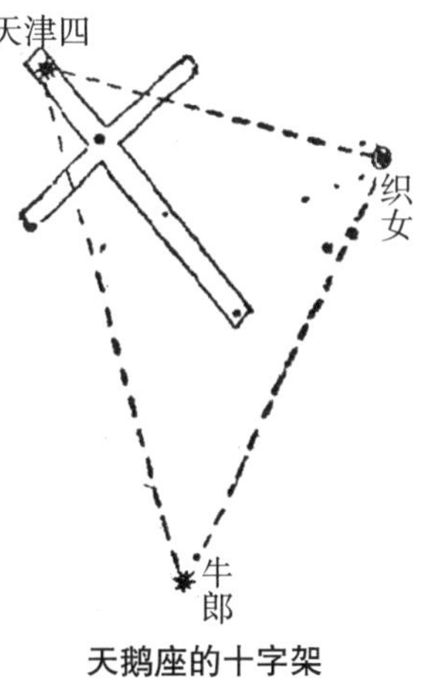

天鹅座的十字架

十字架下端的那颗星叫辇道增七，是一颗貌合神离，彼此毫无关系的双星，这颗双星相距太近，肉眼不能区分开。

银河在天鹅分为两支，一支从十字架的东面流过天鹰指向人马，另一支从十字架之间顺蛇夫指向天蝎。两条支流之间的“暗滩”完全是由银河系中的尘粒物质所构成；是它们阻住了

天鹅座的网状星云

银河的光芒，因此形成了一条无光的地带夹在中间。但是在天津九附近有一片不规则的星气弥漫着。这片星气实际上就是一种稀薄的不规则的气体星云，和猎户座大星云一样。这个星云又名网状星云，其实据我看还不如叫野火星云更好些，它们很像着了火的草堆和房子上冒出的火烟。而实际上它们就是星城中的尘雾，被我们自己的灯火（星光）所照亮的东西。

10 月的星空

南鱼—宝瓶—摩羯—仙王
太空不空论—变星的类别—宇宙中的里程碑

寂寞天涯沉沦客，北落师门在南国

随着桂花的消逝，菊花又再度出现在人间。可是，无论花期是怎样的更新变动，总归瞒不住那映照着西山云霞的红叶所告诉我们的：秋天确实已经深了。再看看我们头顶上的星空呢？跟着牛郎织女的西移，也带来了一片秋气：沉沦的沉沦了，衰退的衰退了，残余的一些小星星好像也在风烛残年，经不住秋风的折磨了。

这时节天才黑，你朝正南而稍偏东看，距地平线约二三十度的地方——依你所在地的纬度而定，你便看到此刻南部天空中仅有的一颗大星——北落师门，孤寂地处在南鱼座里。这颗星很容易辨认：在它周围广大的区域内，没有一颗比它更亮的恒星。行星可能走到它附近，但是只能走在它的北面，决不能和它并行，甚至超过它的南面。因为它很容易辨认，所以是航海九星之一，并与毕宿五、轩辕十四和心宿二成为四大王星。假如你对它仍有怀疑的话，那么你可以利用近乎头顶、偏西的大星天津四和在天津四西南方的亮星牛郎（即河鼓二）来辨别：北落师门在这两星的东南面。这三

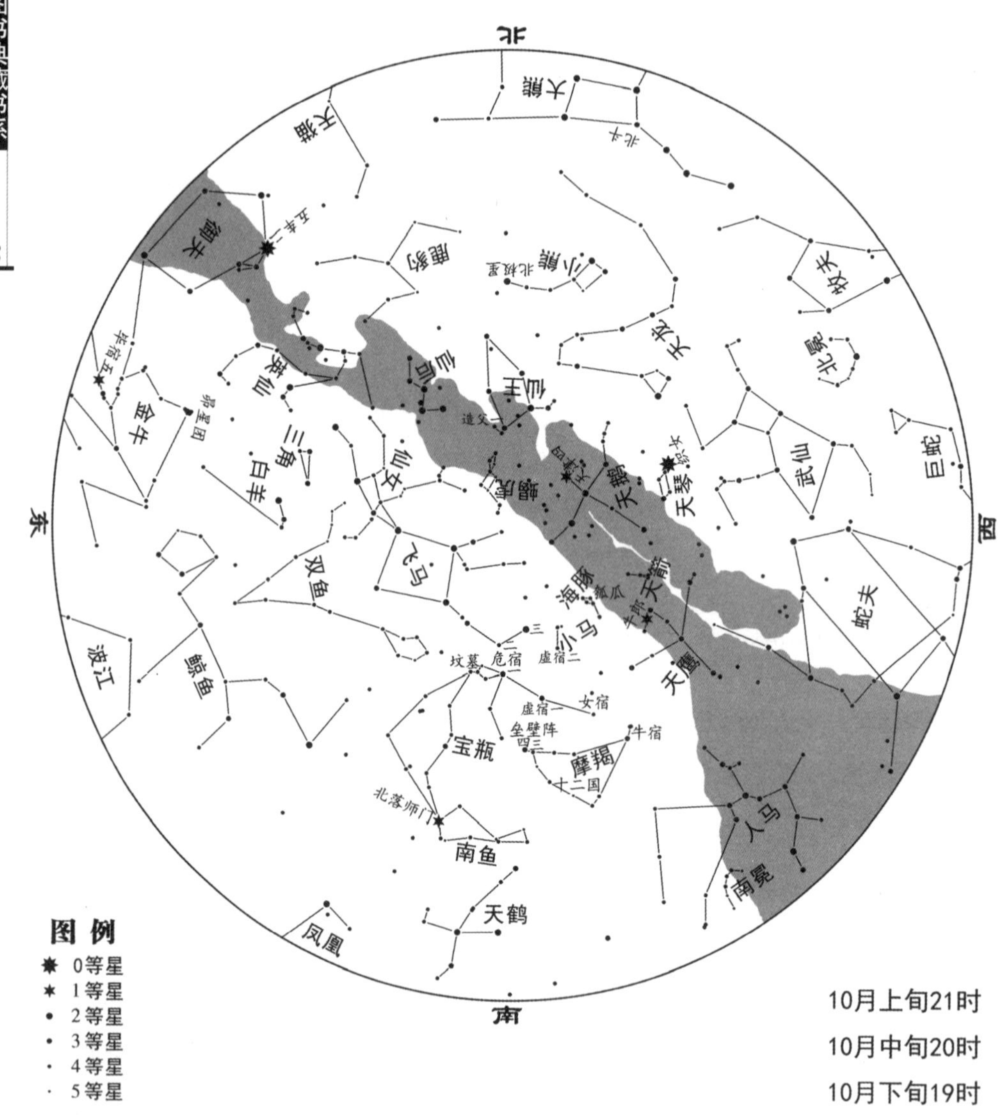

10月星空图

颗星连成一个极大的直角三角形，其直角在牛郎上。

北落师门是一颗很近的星，距离我们只有24光年，是离我们最近的第五颗亮星。除去老人以外，它可以算是中国所见最南面的一颗1等星。在22颗大星中，它是第七颗自行最大的恒星，每年移动差不多$\frac{2}{5}$角秒，约5500年移动一个月盘那样大的地位。它的外国名字叫Fomalhaut，以孤独之星著称，每年10月25日晚9时位于南中——这也是认识它的一个好方法。

北宫玄武南天游，壁室危虚女斗牛

《史记·天官书》的北宫现在完全出现在我们眼前。从西南角将要堕下去的南斗，一直到东北方半空中的室宿和壁宿，其中所包含的七个星宿：斗、牛、女、虚、危、室、壁，古人将它们连成一只乌龟形，所以又叫玄武或元武。头在斗，尾在壁。很奇怪，这只乌龟不知道为什么给它缠上一条蛇。不是“画蛇添足”，而是“画龟添蛇”了。斗、牛二宿我们已各在8月和9月里说过了，现在我们接着讲其他的五宿。

宝瓶别名叫水夫，女虚危宿加坟墓

从西南方半空中的大星牛郎（即河鼓二）向天桴一画根线，延长1倍所碰到的那颗4等星，便是女宿。利用西方大星织女和牛郎找到牛宿后，女宿就在它东面。《礼记·月令》：“孟夏之月，……旦婺女中。”婺女就是女宿，又名须女。古人认为如果在黎明时看到它在南方中央，便晓得初夏已经到了。

女宿的东面，比牛郎、织女的距离略长的地方，有一颗3等星，那便是虚宿一。它在北落师门和牛郎的正中间。虚宿是北宫玄武中央的一个星宿，在我国古代是相当有名气的。尧典曾利用东、南、西、北四官的中星以定四季。以前我们讲过的有“日短星昴，以正仲冬”，“日中星鸟，以殷仲春”。还有“日永星火，以正仲夏”。对于秋季而言，则有“宵中星虚，以殷仲秋”。原来春秋战国时，虚宿在秋分的傍晚南中。这时正是种麦的季节。《尔雅·释天》上也一再提到它，像什么“玄枵，虚也；颛顼之虚，虚也；北陆，虚也”。从而我们可以知道虚宿至少有3个别名。

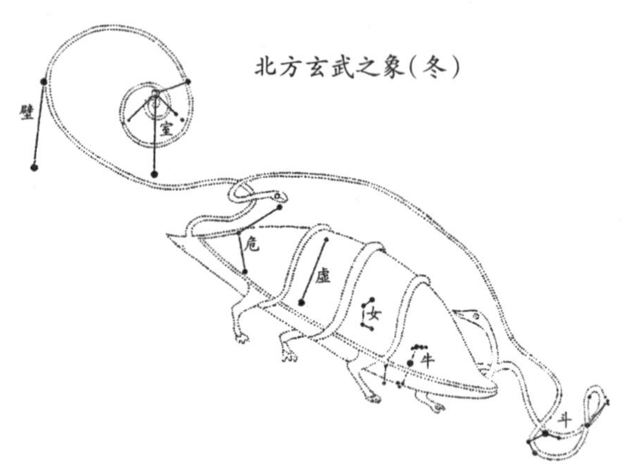

北宫玄武——根据高鲁《星象统笺》

以上者两个星宿都是属于宝瓶座的，但是虚宿一上面的那颗4等星，叫虚宿二，是属于小马座的。

宝瓶座图

在虚宿的东面有一个直立的三角形，位于北落师门和天津四的中间，它和虚宿的距离差不多相等于虚宿与女宿的距离。这个三角形便是危宿。《礼记》上所说的“仲夏之月，……旦危中”和“孟冬之月，……昏危中”的危就是它。但是只有和虚、女二宿站在一条直线上的危宿一总是属于宝瓶座的。这颗星恰好在天球赤道上。危宿二和危宿三则是属于飞马座的。

宝瓶座在我们看上去真有点阴气森森，什么危呀虚呀、哭的泣的还有坟墓与死亡的气味全聚在这儿。坟墓就是紧接着危宿三角形脚跟的那几颗星，它们连起来形成一个小的三角形。三角形中间的那颗坟墓一是颗著名的明亮双星，两颗星都是4等星，像这样亮的双星并不多。可惜的是这颗双星相聚太近，只有3.5角秒，所以肉眼无法分开。

你一定觉得这几个区域太平凡无味吧？那么让我来给你介绍点宝瓶座的家宝吧。这儿有两个流星群。其中之一的发射点恰巧就在坟墓三（η Aquarius）。迷信的人一定会说这些流星准是那些冤死的幽灵，或是那些不幸者所流的眼泪。它每年于4月29日至5月8日出现，最盛的时候在5月4日。那时坟墓要在两点钟从东南方出来。也就是当全国青年热烈地庆祝五四晚会之后，他们高举起的火把放下不久，广场上熊熊的营火暂告休止的时候，这个流星群便出现了，它好像是给青年们打气加油，又好像是警告那些沉睡的人们。

宝瓶座η流星群本身并不著名，可是与它有关的，也可以说就是它的创始者“哈雷彗星”却是极其著名的。这个流星群并不大，因此它只能说是由这颗彗星的一些小碎片所构成的。

1910年5月9日所见的哈雷彗星，周期是76年，是周期在百年之内的彗星中最显著的一颗。于1986年走近地球

另外一个流星群的发射点在羽林军二十六，从7月18日到8月12日，最盛时期在7月底。这个流星群的轨道和哈雷彗星的并不一致，因此它不见得与后者有什么关系，但也可能是它的或另一不知名彗星的碎片，长年累月之后迷失了途径所致。

宝瓶是黄道上的一个星座，因此是黄道十二宫之一。垒壁阵七和八都恰好在黄道上。坟墓一和三，加上危宿一和天桴一，它们差不多完全在天球赤道上。利用这点我们大体可以把这两个道找出来。行星将不在这儿出现，请你注意。

天鹰之下摩羯座，牛宿春秋十二国

摩羯座图

摩羯又名山羊，其实是一只羊首鱼尾的怪物。古代外国传说牧神(Pan)为了取悦一些在河岸旁游戏的女神，于是摇身一变，变成了一只山羊，向河里一跳。殊不知当身体刚与水接触的一刹那，下半身就变成了一条鱼，而在水上的一部分仍然保留了山羊的形状。天帝觉得很有趣，就在天上指定给它一个地方，叫它保持那个奇形怪状待下去，永远地给人取笑。这真是自作自受，使牧神大有悔不当初之慨。

牛宿就是这只怪物的两只角，垒壁阵三、四便是它的尾巴。从虚宿二向虚宿一画条线延长1倍所碰到的两颗星便是那条鱼尾巴。在女宿下面和牛宿的东面的一些星，便是春秋十二国：越、周、秦、代、晋、韩、魏、楚、燕、齐、赵、郑。其中的燕你可别小看它，它的样子虽只是一颗平常的小星，但实际上却是一颗超巨星。因为距离过于遥远，致使它黯然无光。可是它的实际光辉是太阳的6000倍，直径是太阳的80倍——也就是地球的8800倍。

在燕的左下手有一个叫M30的球状星团，清澈的黑夜里，肉眼恰恰可以见到，双筒望远镜可以看出像云状的一块小斑。

摩羯座也是黄道上的一个星座，所以它也是黄道十二宫之一，秦恰好就在黄道上。宝瓶和摩羯都是一些小星构成的，假如你看到有什么光辉稳定的大星在这儿出现，那准是行星无疑。

海豚怪兽天鹅前，瓠瓜败瓜牛郎边

海豚图

海豚是一个很小的星座，五六颗3、4等星相当集中，所以很容易找到。它就紧接在牛郎和天箭的东面，和它们成一个小等腰三角形。也就是位于天津四和牛宿的正中间。从北落师门向西北的织女大星画条线，海豚就在这条线上。其中成四方形的叫瓠瓜，下面的叫败瓜。这个星座于10月初昏时在中天。

仙王拱卫北极星，造父变光最著名

荒寂的10月里，幸而还有一个仙王座给我们讲一点有趣的故事，虽然它是一个很微弱的星座。先把已近北方地平线的北斗找到，从斗端的指极星、天璇和天枢，画条线向上通过北极星，延长约1/3，在近于我们头顶的半空中，便遇到一个微弱的五角形，这就是仙王。它位于天龙的东边，天鹅的东北。我们如果从牛郎向天津四画条线，延长出去，也可以碰到它。

仙王座图

造父一的脉搏

这个五角形也很像一座礼拜堂,天河就从礼拜堂的脚边流过,风景是不错的。但是最令人注意的还是墙根下的那颗变光星——造父一(δ Cephei)。最初发现造父一变光现象的还是英国那位又聋又哑的青年天文学者古德立克，时间是1784年,与渐台二发现年份相同(见"9月的星空")。它最亮时的星等是3.7,变到最弱时是4.6,因此星等相差约1级,亮度相差约2.5倍。变光的周期非常准确,称得上是一支天然钟表。变光的周期是5日8时46分39秒。光在最强时是白色，最弱时是黄色。从最弱到最强升得很快，只需一天半的样子，其余的时间是从最强降到最弱。像这个样子有规则而周期又短的变光星,我们统名之为"造父型变光星",就因为这一类星中,造父一是第一个被发现的。

对没有什么仪器帮助的天文爱好者,观察这颗富于历史意义的变光星时,可以借助于造父一旁边的两颗星,造父二(ξ Cephei)和造父三(λ Cephei)来比较。当它的光最强时和造父二同样亮,最弱时则和造父三同样亮。

造父一和我们的距离约有800光年远,绝对星等是－3.5,比太阳的要大8等,差不多要亮2000倍。质量比太阳大10倍,半径有2000万千米,密度只有太阳的万分之六,所以它是一颗巨大而心虚的星——这些都是造父变星的特点。它也是一颗所谓脉动式的变光星,每一变光过程,半径的前后相差达2125万千米,就是说从1875万到2125万千米,再缩回来。所以当它每跳一次脉搏时,照我看还不如直截了当称之为心跳好了,涨缩是500万千米！这真是一个巨人的心跳了。利用半径的变化,你可以求出这一段变化内的总体积,结果是这个巨人的"肺活量"。你只要想它在5天之内跳动这么大的距离,连我们地球的那个勤务兵月亮,用它最快的速度,每天8万千米去追它的心跳,都望尘莫及呢！

我们这位巨人的心跳动得这么厉害，又是这样快，难道不会得什么心脏病吗？长年累月地下去，它还支持得住吗？当然是不行的。物体总是不断地在变，伟大如造父一也不能例外。据赫次希朴朗(Hertzsprung)发现，造父一的变光周期每一年减少1/10秒，照这样算下去，不到100万年将减少1天，到450万年，周期变成零，那时造父变星也就寿终正寝，收缩成白矮星。

我们现在再来看看“礼拜堂”屋檐右上角的那颗星，上卫增一吧。这颗星也是一颗著名的造父变星。它之所以著名却不是由于它很会变；恰恰相反，而是由于它不大会变：它的光度变化只有0.05星等。这样细微的光度变化是由一位德国天文学家古斯尼克（Guthnick）首先利用光电管（Photoelectric cell）到天文测量上发现的。

是时候给大家普及一下太空不空论了。我们以前曾经提到过“星际物质”，这是指散布在星球之间的物质，在仙王座获得确实存在的证明。原来1904年德国波茨坦天文台的哈特曼(Hartmann)用分光镜研究猎户座的参宿三时，发现在地球和这颗星的太空之间，即所谓星际空间，有钙原子，就是构成石灰的那个金属原子散布着，随后于1926年英国爱丁顿更予以理论的支持，认为在太空之间一定有极稀薄的气体物质存在。我们看得越远，所遇到的这种物质一定越多，因为这时我们通过的空间越广，当然穿过的气体物质也越厚。于是威尔逊山以及别的几个天文台便对那些极热而遥远的恒星，主要是在仙王座和天鹅座的那些含氦的星体进行研究。这些星的温度都是极高的，在这样的高温下，星体本身不能含有钙原子——它们全分裂为更简单的元素，因此容易得到结论。结果，爱丁顿的理论得到证实。

现在我们知道太空中的这种气体物质所含有的钙离子——就是带正电的钙原子，浓度极低，每1亿毫升，即每边约4.7米的立方空间内，含有一颗钙离子。不但有钙离子，还有钾、铁等元素的离子，以及钠、钙、氢的原子，甚至还有氰“$(CN)_2$”和碳氢化合物，其中以氢原子的含量最多，每毫升的空间里就有1个氢原子存在。这么说我们的太空实在是不空的啊！

我们再来谈谈变光星吧。变光星可以分成两类：一类是蚀变星，如大陵五，由两颗星相互改变位置而产生蚀的现象所致；一类就是真正的变光星，由星体本身的变化所致，又名物理变星，别号为脉动星，已发现的有2万多颗。在后一类变光星中又按照它们的变光周期分为四类：短期变星即造父型变星，长期变星，不规则变星和新星。

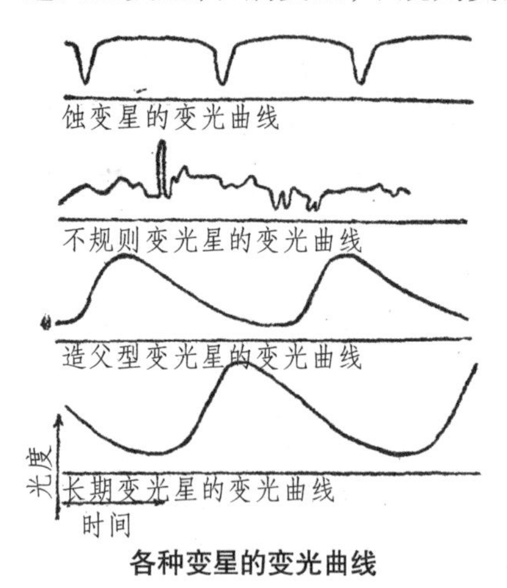

各种变星的变光曲线

凡是变光周期在45天以内的都属于造父型，而其又分为两种：一种叫典型造父星，以造父一为代表，周期自1天至45天，大多数在5天左右，已发现的有几千颗；另一种叫星团型造父星，最初在球状星团里发现，这类变星周期自1.5小时至1天，大多数为0.5天。它们的数目比典型的多得多，分布的范围并不以在星团里为限。

典型造父星光度上升比下降快，变光范围约相距1等。它们都是些黄色的超巨星，平均的绝对星等是－3等，所以是非常亮的星，然而肉眼看去显得非常微小，显然是由于距离遥远所致。它们在天空分布得虽广，但是却很稀少。在以我们为中心，以3000光年（1000秒差距）为半径所画的天球里，约有1亿颗恒星，在这个距离以内发现的造父变星只有50颗。因此可能每100万颗恒星中有1颗造父变星。其中为肉眼可见的大约有一打；顶亮的是造父一、天桴四、井宿七和剑鱼座的金鱼三（β Doradus）以及北极星，后者的变光范围只有0.08星等，因此有人怀疑它是否为造父变星。

造父型变星对于量天提供了一个极大的便利。原来烈维特女士（Leavitt）和沙普利于研究造父型变星时发现变光周期越长的，光度越大（也就是绝对星等越大），例如周期40小时的，实光辉比太阳亮250倍，10天的亮1600倍，30天的亮1万倍，于是他们就得到一条叫作周期与亮度的定律。这条定律的另一个意义便是从绝对星等和视星等的比较，我们就可求出这些星离我们的距离。利用这么一个简单的关系，天文学家只需观察造父变星的周期和测定它们的视星等,就可以求出造父型变星以及含有它们的天体系统的距离。我们说过恒星视差的直接测量法只能应用在100光年以内的恒星,即使在这个时候,由于地球环绕日运行而产生恒星视位置的移动大小,只相当于一个平针针头放在3千米上所见的大小,这是用再好的望远镜也无法看出的。如果在3000光年上的恒星,那么它的视位置的移动只能有一个平针针头放在80千米上所见的大小,根本不要想去测量了。可是就利用造父型变星的这条定律,不要说几万光年以外的星团是这样量出的,甚至在百万光年远的星云也是这样量出来的。我称它们为里程碑,而金斯则更称呼它们为宇宙之洋中的灯塔,可见它们的重要性了。

变光星为什么会变光?物理变星给了我们一个机会观察变动中的星体物质及其构造,因此扩大了人们对于"恒星"的认识,进而可以了解恒星演进的过程。变光星绝不是宇宙中的一个偶然事件;从它的普遍性以及它的规律性看来,它很可能就是每一颗恒星在发展过程中所经历的一个阶段,至少是占有相当分量的一些恒星。因此毫无疑义对于这一类星各方面的研究,人们都是抱着极大的兴趣与热忱在进行的,其中最令人注意的当然就是它们为什么会变光的问题。

根据分光镜观测与计算的结果,发现有些星当它最亮时,它的表面向外膨胀得最厉害;当它最弱时,向里收缩得最厉害,并且实地去测量它们变光时期角直径的变化(如参宿四、造父二、天鹅座的x)证明有膨胀和收缩的现象。于是"脉动学说"便由沙普利于1914年提出,其后爱丁顿更从纯数学的立场予以支持与发挥。根据这个学说,一颗恒星的平衡状态应是由于两种力量维持的:一种是向内的重力,一种是热的气体与恒星辐射向外的压力。由于某种原因打破了这种平衡而开始膨胀,一面膨胀,温度一面减低,光也减弱,压力逐渐减小,一直到最后重力取得优势,于是它又开始收缩,收缩以后又发起热和光来,一直到向外的压力又取得优势,于是又开始膨胀,就这样周而复始地进行有规律的膨胀与收缩。变光星变光的原因还有待研究,但毫无疑问那是恒星内部的一种变化。

11月的星空

飞马—双鱼—仙女—仙后
肉眼所见最远的东西—银河集团

定之方中,作于楚宫。农事完毕,营室过冬

人类的生活方式与习惯主要决定于它的劳动方式。生活在农业社会里的人,他的生活方式多少和“季节”“时令”有些关系。对古人而言,最便于指示季节与时令的就是天上的星辰。以前我们讲过什么星出来该种麦稷,该收葡萄,乃至于准备秋衣和冬衣,甚至于结婚,等等。好,到了秋末冬初,一切农事都告结束,进入农闲的时候,于是人们就利用这段时间给自己或别人盖房子什么的。而房子的方向总是朝南的,恰好这时天黑后就有两颗亮星南中,显示盖房子的季节与方向的标准。于是称它们为“营室”,或称为“定”星,也就是后来所称的室宿,“定之方中,作于楚宫”原是《诗经·鄘风》中歌颂那位与民为伍,患难相共的好国君卫文公的。东周列国时,卫国被北狄所灭,那位成天在仙鹤群里打滚的昏君卫懿公被杀以后,老百姓逃亡到当时的漕邑(今日河南滑县东),新君卫文公由齐国赶来,招抚流亡,然后率领他们到楚邱,刻苦自励地在一片荒凉的土地上兴建起他们的家园来。

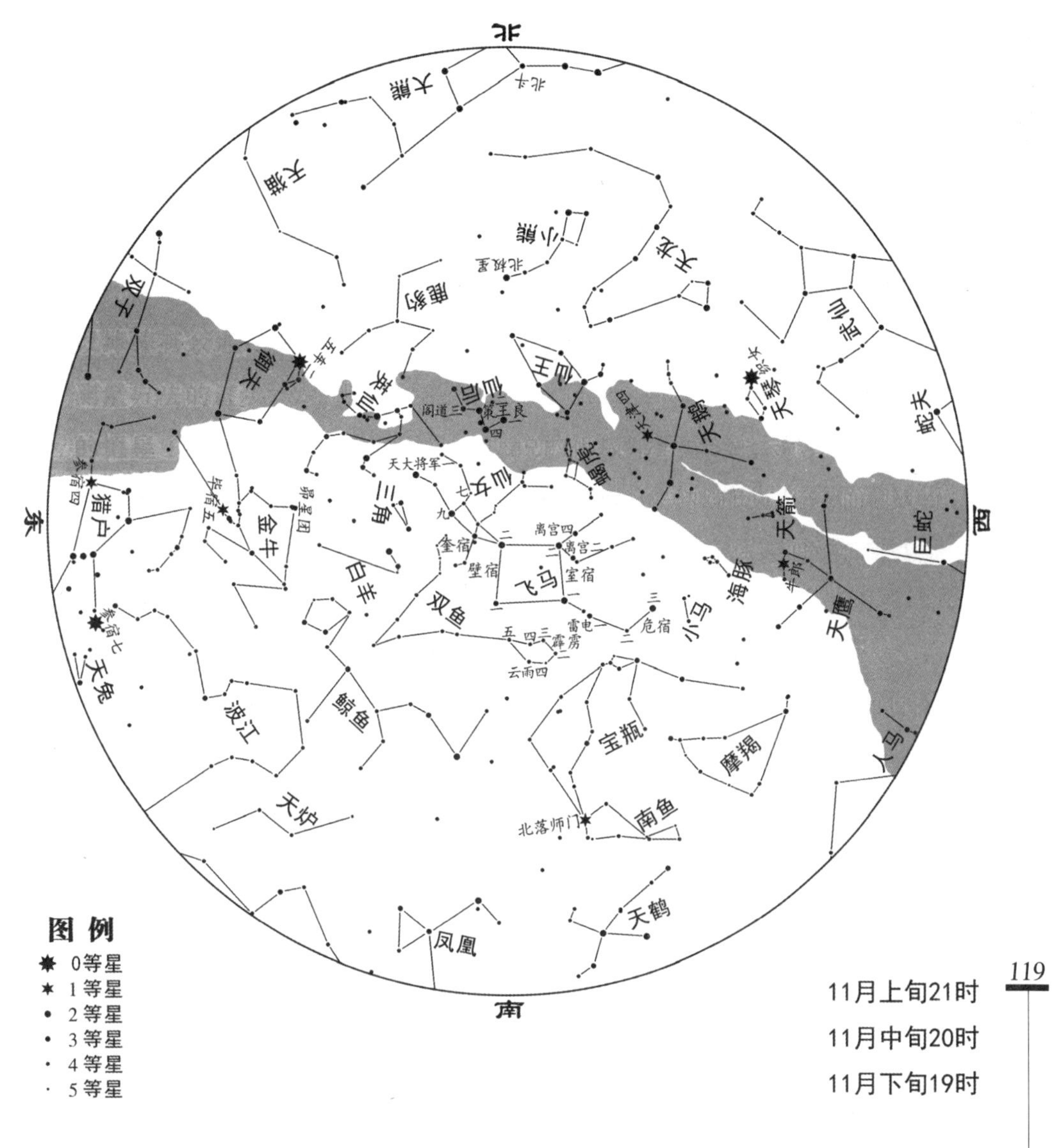

图例
- 0等星
- 1等星
- 2等星
- 3等星
- 4等星
- 5等星

11月上旬21时

11月中旬20时

11月下旬19时

11 月星空图

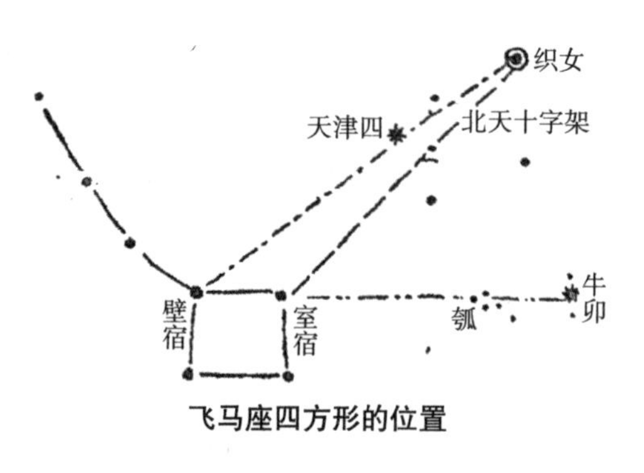

飞马座四方形的位置

现在天黑时，在近乎我们头顶而稍稍偏南的，有一个大正方形，这便是著名的“飞马座正方形”，室宿便是这个四方形西边的两颗星。从西北方的大星织女，向北天十字架中心的天津一，画条线延长2倍，便碰到四方形的右上角，室宿二；从西南方的大星，牛郎(即河鼓二)，向瓠瓜画条线，延伸2.5倍，也碰到四方形的西半边。室宿二和牛郎、天津四这两颗头等星构成一个大直角三角形，直角就在十字架的顶端。

秋末的星空是比较稀疏的，尤其在天顶附近的一片，因此飞马座的大正方形很容易找出来。和室宿相对的那一边两颗星叫作壁宿。正方形的左上角，即壁宿二，实际上是属于仙女座的。壁宿又名东壁，《礼记·月令》上说：“仲冬之月……昏东壁中。”这两颗星的赤经极近于0°，特别是壁宿二。所谓赤经就是指一颗星距离春分点在赤道上从西往东计算的角度。因此也就是说这两颗星的赤经距离天球坐标上的标准经线极近。事实上春分点距离壁宿二到壁宿一延长1倍的线段之西不到2°的样子。

肉眼看去，这个四方形里面几乎是一无所有的。但是经过天文望远镜和长时间的曝光摄影，结果在这寂寥的空间里发现了一个超星系团，在很小一块地方里面聚集了至少162个星系，每一个星系都是包含有几百几千万颗星的银河系。根据计算，这个超星系团距离我们至少有2亿光年。

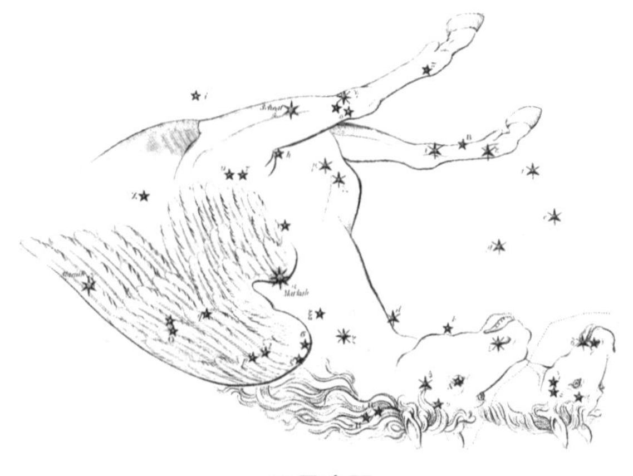
飞马座图

上月讲到的危宿二和三是飞马的头，危宿三是马嘴。从杵到室宿二和从臼经过离宫二到室宿二，是飞马的两条前腿。

霹雳云雨室下藏，且待来年春分忙

在室宿的下面，如果仔细看的话，有一个小的正五边形，两端各有一颗小星，这便是双鱼座的霹雳和云雨。前面我们讲到过，春分点就在这个星座里。所谓春分点就是天球赤道和黄道（即地球的轨道）相交的两点中的一点。另一点即秋分点。从地球看去，当太阳走到这一点时，地球上的昼夜相等。冬至过后，太阳逐渐向北移，一直移到北回归线的顶点为止，春分点就是太阳从南往北移行的中点。因此到这一点才是天文学上春季的开始，冬天可以说完全过去了，百花正开始准备迎接温暖可爱的春天到来。目前我们虽正准备度过严冷的冬天，虽然冬天那样的冷酷可怕，但是我们可以断定，太阳到达这一点时，以后一定是风光明媚的美丽的日子。太阳于每年的 3 月 10 日进入此星座，到 4 月 20 日才离去。双鱼座是黄道十二宫之一，行星都要到这儿来垂钓一番的。

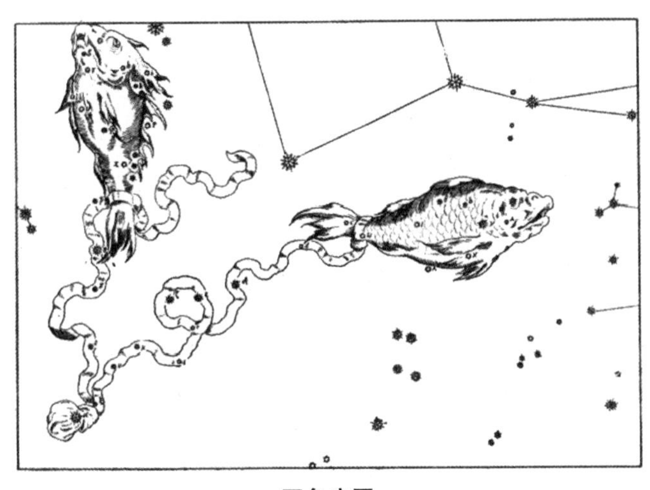

双鱼座图

以矮小出名的凡马年星，是和我们地球一般大小的一颗恒星，就是在这个星座的外屏附近，星等为12等，所以肉眼看不见，它的密度也极大，据说是水的30万倍。

大将军足蹬破鞋，仙女座冠盖云集

把飞马座正方形找到以后，和它的左上角那颗壁宿二站在一条线上，而在它的左端和它一样亮的有两颗星，近的一颗叫奎宿九，远的一颗叫天大将军一。它们都是属于仙女座的。从织女向北天十字架顶端的大星天津四画根线，延长约两倍多一点，所碰到的一颗亮星就是奎宿九，在奎宿九左上方的那颗亮星就是天大将军一。

隋朝丹元子《步天歌》把奎宿唱成："腰细头尖似破鞋，一十六星绕鞋生。"这双破鞋大多是4、5等星构成的，因此要仔细看才能看得出。《礼记·月令》："仲春之月，日在奎。"这是说那时在春二月里，我们的太阳留宿在这只破鞋里；又说："季夏之月，……旦奎中。"破鞋在那时的夏末大清早正当南中，对着我们的头顶。现在因为岁差的关系，上面所说的时间要往后移一个月的样子。奎宿是西宫白虎七宿的第一宿。

仙女座是一个手足上了镣铐的公主。她可以说是受了"莫须有"的罪名而代她的母亲仙后受过。原来据希腊传说，仙王的太太仙后，长得非常的美丽。可是随着她的声名传播，她的虚荣心也越发地增长起来，

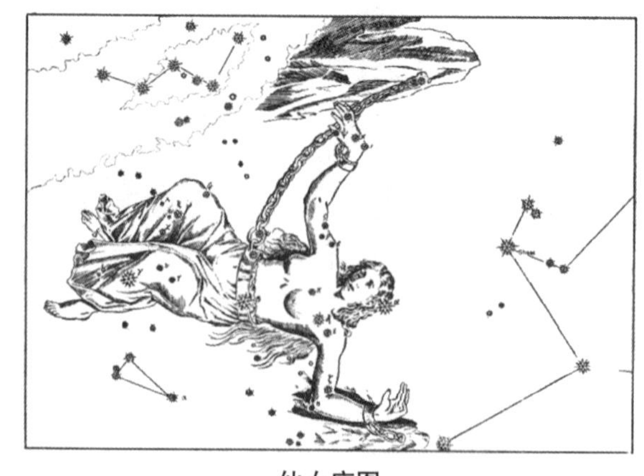

仙女座图

于是居然夜郎自大地对自己的美丽称赞不止，甚至当她生了仙女以后，还在别人面前夸口。她说她自己的美是空前绝后的，用咱们中国的一句现成话，就是“绝代佳人了”，比海仙还要美呢。于是触怒了那些胸襟狭窄的神仙。他们决定把仙女置之于死地，把她锁在了海岸上，等待怪兽巨鲸来吞食。可是终于又让英仙骑了飞马及时前来解脱了她的苦难，而娶了她。在仙女座附近，以上几个星座都可看到。如果把飞马正方形和奎宿九，天大将军一以及英仙座的天船三连起来，正好像一个脱了一条长尾巴的风筝在我们头顶上飞翔着，也很像一个放大的小熊座。

令人想不到的是，在这只破鞋的鞋尖上长着一棵宇宙间最美丽的花朵，这一点倒是值得仙后吹牛的。在奎宿七的上端你可以看到有一小块模糊不清的椭圆形斑块，像云点，也像一颗四面有气体包围了的星星。这便是著名的“仙女座大星云”，这是我们一个最近的“星云”，我们银河系的一个近邻，距离我们约有 250 万光年；也是我们肉眼所见宇宙间最远的城市。在那儿至少拥有 4000 亿颗恒星——这就是仙女座星城里的户口数。

仙女座大星云

远在 1612 年，英国天文学家马里乌斯（Marius）就用望远镜去观测仙女星云了。他说这个地方好像是通过牛角灯所见的烛光。我们中国的《汉书 · 天文志》上所说的“烛星见奎娄间”，有人据此说也许是指它，但是娄宿在奎宿东南，而这个星云却在奎宿的西北，因此恐怕是指别的星。

我们肉眼所见的两大星云（麦哲伦恒星云不在内，因它们在天球南极附近，我们看不见），一个是猎户座大星云，一个就是仙女座星云。虽然它们都称为星云，但各有巧妙不同，而且是本质上的不同。前者可以说是宇宙中真正的云朵，它就是我们银河系中的那些灰尘颗粒构成的。它之所以发亮，不过是由于附近的恒星照耀所致。仙女座大星云可不同了，它的构成分子是一颗一颗的恒星，都是自己能发光的恒星。就这一点而言，前者和后者相比就如一颗“星星之火”和一座火焰山相比一样。事实上，这两个星云肉眼看去好像都差不多亮，那是由于距离的关系，仙女座大星云的亮度是太阳的100亿倍。

仙女这座星城最稠密地方的直径有4万光年，长度有8万光年。你还记得猎户星云的直径有多大吗？太小了，只有6光年。因为它是银河系的极小的一部分，当然不会有多大的。可是仙女座星云却是和我们银河系旗鼓相当的一个大宇宙。

人们自从利用望远镜观察天象以后，虽然发现了不少像猎户座和仙女座一类的星云，可是最初总以为它们同是属于气体星云一类的东西。1924年，星云专家哈勃（Hubble）利用当时最强大的望远镜才发现仙女座这一类旋涡星云外缘地方有很多恒星，而且其中有不少是造父型的变星。他利用造父变星的灯塔作用，算出来这些星云的距离，才知道它们都是一个个和我们银河一样的系统，才知道我们的银河在宇宙中并不是孤立的。从这时起，人们将这些银河之外的系统，统称之为河外星云，或河外星系。后面一个名称较为明确，因为它们并不是像猎户座那样的真正的星云。随后又发现，就在这些河外星系里面，也含有真正的星云，还有星团、新星等。只要是银河系里有的，它们都有。有人直称它们为岛宇宙，或宇宙之岛，或星城。

在已发现的1000亿个银河系中，75%都是和仙女座星云一样，像旋涡似的，这叫旋涡星云。20%为椭圆星云，还有百分之几是不规则的。这些银河系大概都有自转，有的自转周期也测定出来了。仙女座的是1700万年。自转速度测定后，根据引力与离心力相平衡的规则，我们就可以去称这个系统有多重；换句话说去定它的质量有多少——质量原是和引力成正比的。哈勃测出仙女星云的质量相当于35亿个太阳（今值为2000亿）。从这儿我们推算出了这个星城中的户口数。

有一个很有趣的问题是，以前求出所有这些星云的平均直径都远小于我们的银河系。例如椭圆星云从 2000 光年到 4500 光年，旋涡星云从 6000 光年到 1 万光年。而我们自己的银河系是 10 万光年。再看它们的平均质量呢，只有银河系的 1%即太阳的 20 亿倍。就拿其中最大的来看，也远抵不上我们的。难道我们这个银河系果真是那些“宇宙之岛”中的大洲吗？怎么会那么突出呢？就是通过这些比较使人怀疑我们用的测量方法，乃至于怀疑是我们所处的地位使我们感到“不可一世”“目中无人”，或是还有些什么因素没有发现，致使有这样大的相差。最近这种相差已经减少，那些河外星云比最初所估计的要大多了，我们自己也不若最初那样的“虚骄”，但是无论怎样，这仍然是一个问题。在大熊座和后发座里，我们讲到有许多星系结成一个一个的星系团，甚至超星系团。我们自己这个大银河系也不甘寂寞，它和附近的几个星系，像仙女座星云呀，三角座星云呀，还有大小麦哲伦恒星云，一共有那么十几个小组织，联在一起，形成一个大联邦，叫作本星系群（The Local Group ）。这个大集团在太空中所据的是一个椭圆形的空间，势力范围在最宽处约有 300 万个秒差距，即 1000 万光年。我们自己的这个组织并不在中间，而是偏安于一端。这个椭圆形的总组织其长径就在仙女座星云的方向上。在这个大集团里，我们银河系以其星材之富与幅员之广，真可谓地大物博，无疑是居于领导地位的，因此我称它们为银河集团，对银河而言是当之无愧的，你可以按照“6 月的星空”末尾的模型，另造一个本星系群的模型。

巧得很，狮子座流星雨完了之后，紧接着的就是仙女座流星雨，从 11 月 20 日到 30 日止，最盛的时期是 20 日到 23 日。它的发射点就在破鞋的旁边，靠近天大将军一的近旁。周期是 13 年，在 19 世纪后 30 年里曾轰动一时，近年也不显著了。

比拉彗星——仙女座流星群的创始者

仙女座流星群和比拉彗星（Biela´s Comet）有连带关系。这颗彗星也极有名,为的是它和人们开过一个大大的玩笑,并有过一次空前绝后的表演。就是它于1832年惊动了地球居民,说世界末日将随它穿过地球轨道时降临,地球将被这个不速之客猛烈地碰撞。结果当它俩在地球轨道上相会时,相距还有8000万千米远呢。到1846年它又再度光顾,人们正引领相待时,殊不知它摇身一变,变成两颗彗星并行地穿过天空,这一下子太出乎人的预料了,一时叹为观止。自此以后,就再也没有见它出来过。失踪了吗?没有。它已经变成仙女座流星群了!

银河系的卫星——小麦哲伦星云(右上偏下)

这是银河集团中我们银河系的两个附庸之一,另一个叫大麦哲伦星云(右上偏上)。它们距天球南极很近,所以我们看不见,最初是麦哲伦发现的,肉眼看去和人马座的星云一样,这两个星云是银河系以外的星云(所谓河外星云)。最近于我们的大麦哲伦星云离我们有18万光年,直径有5000光年,小麦哲伦恒星云离我们有21万光年,直径有3000光年,后者至少含有50万颗比天狼还亮的星,还有更多的小星,凡是银河系里有的东西它们全有,它们是和我们一样的银河系,不过小些罢了。

仙后巧坐仙王旁,呆不留光最明旺

现在请你把视线再向北移,在我们头顶的北方略偏东的高空中,有一个极显著的英文字母W平躺在那儿,W的两只脚向东南,三个顶点冲着北方。这就是仙后座,就是那个自称为绝代美人而害了女儿的仙后。这个星座位在仙女与小熊的中间。W 中间的那一点，就位在北极星和奎宿九中间。利用北斗把子上的玉衡,向北极星画条线,延长约 1 倍多一点,也可以碰到它。它的中文名叫作“策”,是一颗 2 等星。这颗星有过一段很有趣的历史,在 1927 年以前,也就是国民革命军北伐以前,它是一个保守分子,那时它不过只比它旁边的那颗王良一,就是W左面那一划的顶点,稍露头角。可是忽然之间,在 1927 年,它开始转变,变得非常激进,不但光芒,而且大小、温度、色彩,以及物理和化学的特性都改变了。在 10 年里它的光芒继续增加,一直到比北斗把子上的那颗玉衡还要亮时为止。可惜得很,它不能保持这种进展,于是又开始后退,而且倒退得极快,在 3 年里又不过只和另一颗旁边的星,叫作阁道三的一般儿亮了。它进进退退地变幻不定,不过光辉变动得并不大,反而是颜色和温度的变化较大。它在最亮时比在最弱时要亮 3.5 倍。

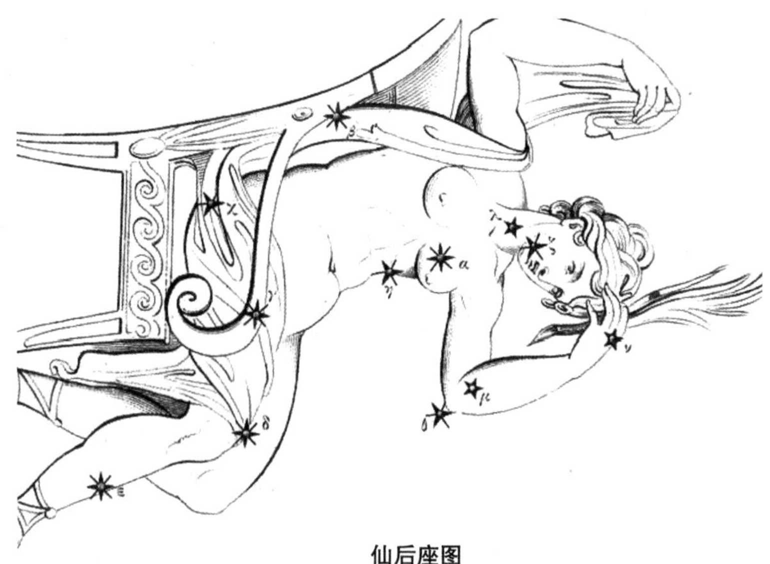

仙后座图

最令人感兴趣的还是它的视直径的改变。从前它的直径是太阳的 8.3 倍;到 1927 年是 15.5 倍;两年以后降到 10.6 倍;1937 年,忽然又变到 18 倍;

到 1939 年又降到 9.8 倍。它就是这么一颗不规则的长期变光星。

这样一个有趣的东西，自然吸引了大部分的天文者的注意。现在正有许多物理学家和数学家集中全力地研究，以求寻出这种特殊变动的说明。其中有一个最令人注目的解释，就是这颗“策星”以惊人的速度在自转，于是在它的赤道地方产生一种巨大的离心力，逐渐地使那儿的气体越来越向外突出，而终于破裂出去。当外层的原子这样向太空中喷出去以后，这颗星本身因为释去了负担，于是又重新开始变化。这样说来，它并不是在向前进步，而是在兜圈子，看样子终究要毁灭掉的。

从策向阁道三画条线延长 2 倍，便遇到英仙座的著名双星团。

仙后也是我们的一个常见星座，这个星座恰在天河里面。从王良四向王良二小星画条线，延长出去就遇见北极星，因此这两颗星也叫作指极星，和北斗的天枢、天璇一样。

12 月的星空

白羊—天大将军—鲸鱼
长期变星—结束的话

虎视眈眈威风镇，奎娄胃昴毕觜参

《史记 · 天官书》上的西宫白虎七宿，现在开始全部出现在星空的舞台上，从虎尾的奎宿起，向东南延伸到虎头参宿为止。因为这只老虎在天空的位置尾巴向西，脑袋向东，所以他的尾巴先从东方上来，结果真的合了“倒

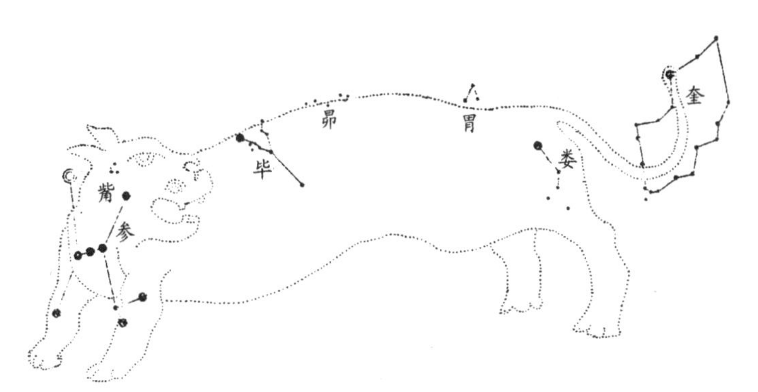

西宫白虎——根据高鲁《星象统笺》

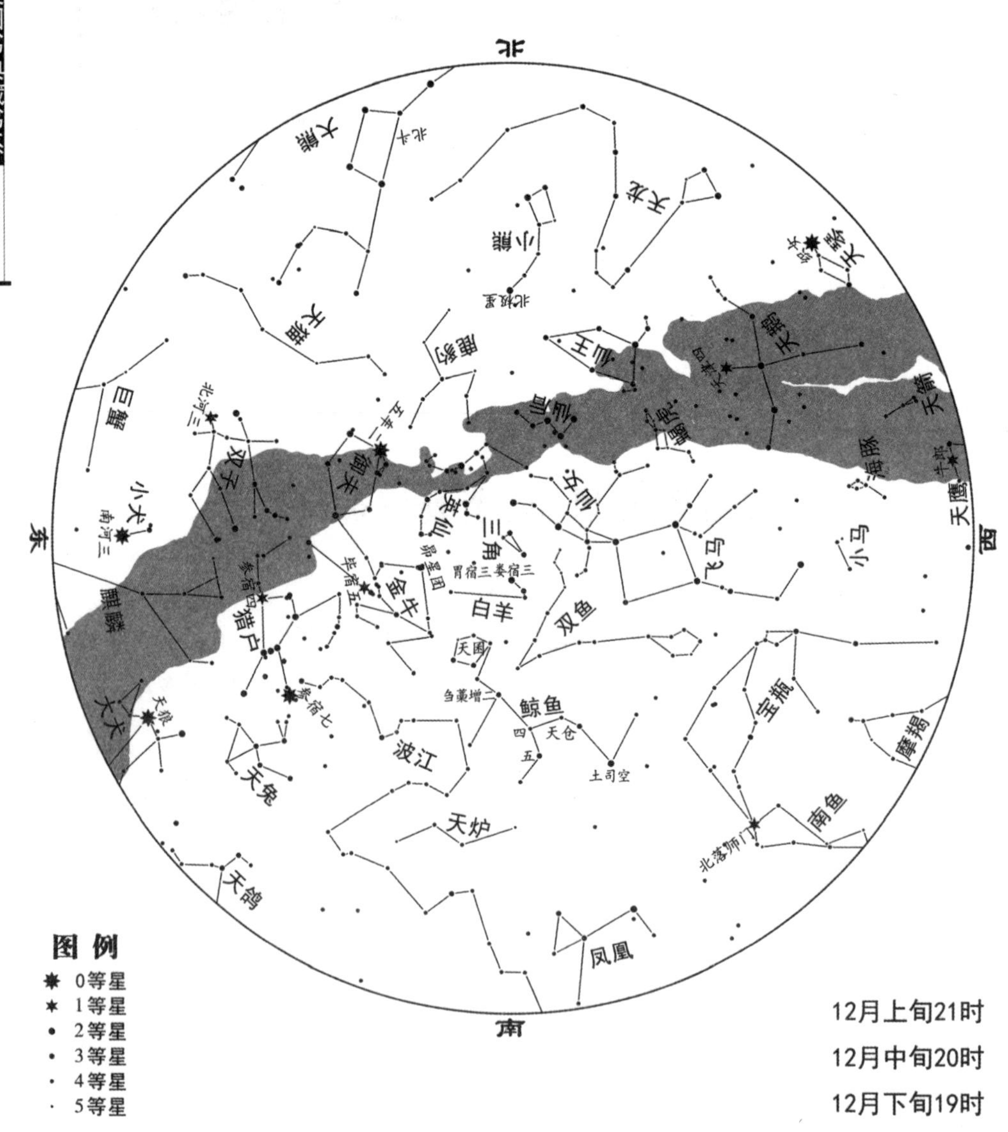
北
东
西
南
大熊
北斗
小熊
北极星
天龙
天琴
织女
天鹅
天津四
天鹰
牛郎
仙后
仙王
英仙
御夫
五车二
双子
北河三
巨蟹
小犬
南河三
麒麟
大犬
天狼
猎户
参宿七
参宿四
金牛
毕宿五
昴星团
三角
白羊
胃宿三
娄宿三
仙女
飞马
小马
双鱼
天囷
鲸鱼
蒭藁增二
天仓
四
五
土司空
宝瓶
摩羯
南鱼
北落师门
波江
天兔
天炉
天鸽
凤凰
图例
0等星
1等星
2等星
3等星
4等星
5等星
12月上旬21时
12月中旬20时
12月下旬19时

12 月星空图

行逆施”这句成语。它包含的东西可真不少：尾巴上戴的是一只“破鞋”，肚子里装的是白羊、金牛，脑袋上顶的是觜宿，口里还衔了一个猎户，真可谓威震四方了。上月我们讲过奎宿，这月我们讲娄宿和胃宿，其余详见“1月的星空”。

三星不均在一头，聚众不妨在娄宿

从飞马正方形上端的两颗星，室宿二和壁宿二，向东南方画条线，延长2倍所遇到的那颗亮星，便是娄宿三，这颗星和奎宿九、天大将军一连成一个直角三角形，直角在奎宿九上。它们三颗星的光差不多一样亮。在娄宿三的左手边有两颗小星，它们结成一个不规则的小三角形，名字便叫娄宿。《礼记·月令》上说：“季冬之月，……昏娄中。”季冬是冬季最后的一个月，那时天黑后，娄宿正在子午线上。于是人们便知道冬天不久就要过去了。

《史记正义》和我国一些古代天文书，如《晋书·天文志》等，都说娄宿三星是主管养羊养牛以供祭祀用的地方，又称是兴兵聚众的地方。这些当然是迷信的话。大概从前的皇帝最怕人们聚众称乱，于是便指定娄宿那个地方专为聚众用，否则“有干法纪”的罪名便加到头上来了。

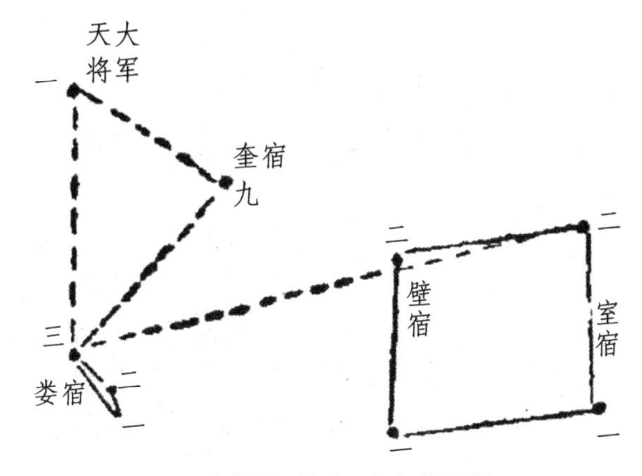

天大将军、娄宿、奎宿的位置

胃娄结盟号白羊，联合一致防虎狼

胃宿三星是一个极小的三角形，在娄宿的东北方，利用大星毕宿五和昴宿很容易找到它。它和娄宿合起来称为白羊座，是黄道上的一个星座，因此时常有行星在这儿出现。

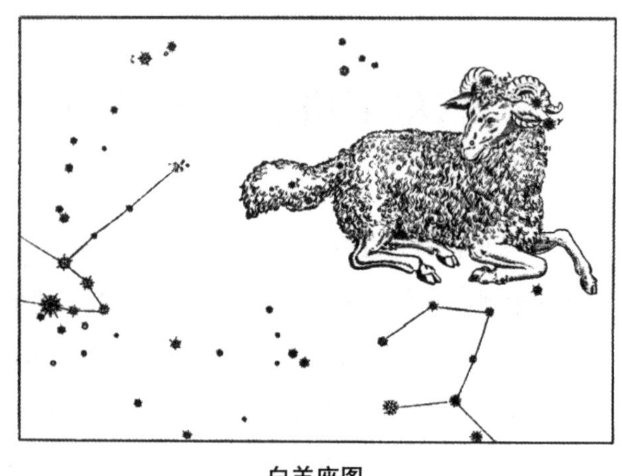

白羊座图

三星斜卧在奎旁，将军驰骋羊背上

在娄宿三和天大将军一，也就是在胃宿和奎宿九之间有一个三角形，名称就叫三角座，这几颗星都属天大将军，恰好位于白羊座的上面。这个星座没有什么可称道的地方，只有一个叫作M33的星云，有人推测说和我们的银河系颇相像，它的肖像已见于“9月的星空”。这个星云离我们的距离有290万光年，比我们的太阳要亮约10亿倍，质量约为太阳质量的50亿倍。换句话说，假如它上面的每一颗星的平均质量都是和我们太阳一样的话，那么它就是由50亿颗太阳构成的——不过这些星的平均亮度都没有太阳那样亮。然而跟我们的银河系全体的质量比较起来，M33还是微不足道的。想知道M33离我们的距离，你若是嫌光线走得太快，那么可以叫声波来走走看——假如有个朋友站在M33上面向我们打招呼，他的声音穿过三角座向我们奔来，如果声波在太空的速度和在空气中一样的话，那么要8700亿年之后才能传到我们的耳朵。

三角座星云是离我们顶近的星云中的一个，也是银河集团中与我们银河和仙女座星云鼎足而立的一份子，它也是最初利用造父型变光星测得距离的星云中的一个，原来在这个星云里面也有一些造父型变光星。观测这些变光星的周期，可以推测出它们的绝对星等。由视星等与绝对星等的相差上，可以算出这些变星离我们有多远，也就是告诉我们这个星云的距离。通常在这样远的距离上，直接的测量方法早已失效了，天文学家被迫利用间接的方法去推测，而且巧妙的是间接测量法有时反比直接测量法还要标准。以前我们讲过，一般的三角测量法，总是利用一条长度（距离），已知的线段去求知另一个未知的线段，在天文上，这条长度（距离）已知的线段往往是地球日轨道的直径。1光年相当于31500个地球轨道的直径，拿这个直径去和M33星云到地球的距离相比，就好像拿米尺上最小的那一格刻度——1毫米，去量度我们地球自身，那当然感到无从做起了。

满囷满仓稻谷香，馋涎不觉三尺长

当我们的先人遍地闹饥荒、有钱买不到米时，看到天空中这一片谷仓林立的地方，真是叫人羞愧、羡慕，又叫人啼笑皆非。你看，前面是天仓，后边是天囷，旁边是天廪，哪一块不是充满黄金谷的好地方。

12月的夜里在正南方半空中，你如果定睛一看，可以看到一把靠背很长的躺椅吊在那儿。从室宿二向壁宿一画一条线，延长2倍的样子，就碰到这把椅子的坐垫地方，那儿便叫天仓。在天仓的左上方，也就是从奎宿到娄宿延长1倍的地方，你就遇到这把躺椅的枕头地方，这儿就叫天囷。囷音“qūn”，是圆形的谷仓。《隋书·天文志》说这儿是主管皇帝粮食的地方——所谓“主给御粮”，想的倒是挺周到的。整个这把椅子

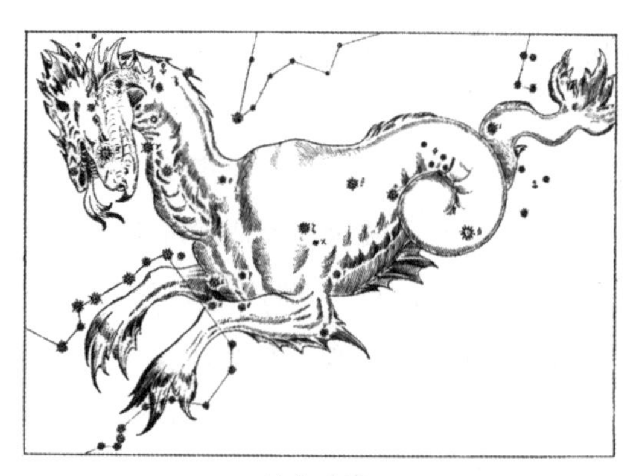
鲸鱼座图

就叫鲸鱼座，就是差点儿没把仙女吃掉的那个怪物。躺椅的前脚叫土司空，这是目前正南方半空中仅有的一颗亮星，利用这点可以帮助我们辨认鲸鱼座。土司空位在北落师门的东北面，这两颗星好像是南部天空的两个把门的。天仓四是一颗肉眼可区分的双星，你不妨试试自己的目力。天仓五——躺椅的后腿，是我们的一个近邻，距离只有10光年，因此它的自行很快，每年差不多走2角秒的样子，1000年移动一个月盘那样大的地方，到那时候我们会觉得这把椅子的后腿伸长些，原来它还是一把活动的躺椅！

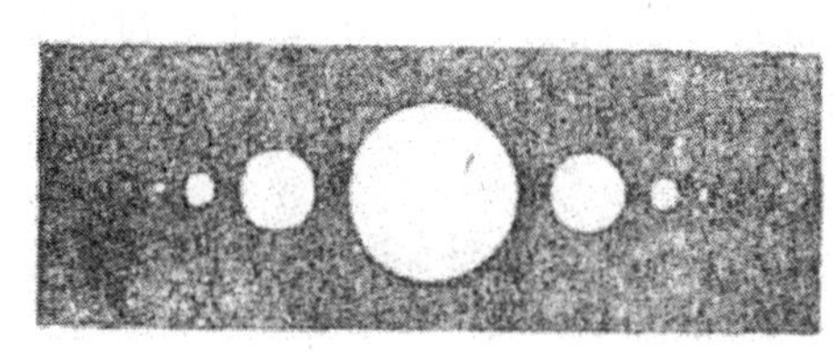
刍藁增二在11个月内的亮度变化

在这块鱼米之乡里有一个怪物，中文名叫刍藁增二，学名叫o Ceti，又名Mira，别号叫“怪物”（The Wonderful）。还在300年前，德国天文学家法布里休斯（Fabricius）发现它是一个变幻不定的怪星，于是声名大著。不但如此，而且在长期变光星中，它也是最亮的一颗。赫歇尔于1779年报告说它亮得几乎和它东北面金牛座的1等星娄宿五一样。不过这种情形很少见。通常它光度最大时从2等到5等，平均是3等的样子，在这时它可以维持几星期之久，随后光度逐渐弱下去，弱到肉眼看不见，到最弱时约从8等星到10等星，平均是9等星的样子。这时我们大约有三四个月看不到它。它的变光周期也不一定，从320天到370天，平均是330天，这样就使我们无法准确预测它什么时候最亮。你可以算一下，它从最亮到最弱中间相差多少倍（每差1等，亮度相差 2.51 倍。不等于 8×2.51，而是 2.51^8）。

对我们初学天文的人讲，刍藁增二是一颗最富于观察意味的星了。看不见它时，你可等候一个时期再看，总归有见面的一天。对这样一颗既富于历史性又富有趣味的星，望你不要错过。它的位置就在天仓四和天囷九之间，在与天囷一和天囷九等距离的地方。当它的光很快黯淡时，我们如果瞪着眼睛对着它看，反而不能看清楚，一定要将视线稍偏向旁边一点儿，总可以感觉出那微弱的星光。看任何微小的星都是如此。这是由于我们的眼睛对于光亮感觉最敏锐的地方并不在视网膜的中心所致，视觉生理学已有很多实验证明了这一点，而我们的经验同样也证明了这一点，你不妨试试看。

刍藁增二不仅以会变闻名，而且更以它的庞大出名。根据光波干涉测定的结果，它的大小是和心宿二、参宿四并驾齐驱的。在它里面至少可以容纳 3000 万个太阳，要是换算成地球，至少还要乘上 100 万倍。因此它是一颗超巨星。以前我们讲过超巨星的光大多是红色的。这表示它们的表面温度较低，刍藁增二也是如此。这是由于它们的体积大，所以面积也大，使得它们的热很容易散发出去，所以单位面积上所放出的热量在相对情形下便较少，于是温度就不太高了。但是这位“怪物”是变化无常的，当它热情冲动的时候，表面温度升到 3600℃，可是热潮褪去了，一切都回归平静的时候，温度便只有 1900℃多，比我们的炼钢炉内的温度高不了多少。

以前我们讲过的天狼和它的伴侣，是非常门不当户不对的搭档。一个是那么轻浮，一个是那么持重。殊不知刍藁增二也有同样的一个对手。它自己呢，往好处说是胸襟广大，它的对手呢？糟得很，光亮只有刍藁增二的十万分之一。可是它却是和天狼伴星一样的一颗白矮星，光辉虽小，却是短小精悍，富于朝气，表面温度在 10000℃以上，不像刍藁增二那样暮气沉沉。这样说起来，恒星真是“各有千秋”（One star differs from another in glory——引圣经，此地 glory 在天文学立场看来是语义双关的）。

最后,已发现的长期变光星约有2000多个,大多数都是属于红巨星和超巨星。它们的变光周期从几个月到两年,通常发现最多的都在275天左右。光度变化相差4个到10个星等之多。周期越长,光度变化也越大。根据爱丁顿分析的结果,会得到一条造父型变星的定理,就是周期和密度平方根二者的乘积必等于常数——$K=P\sqrt{D}$,换句话说周期与密度的平方根成反比,周期越长,变星的密度越小。这条定理同样适用于长期变光星。在这儿可以推算出它们的密度(K=0.002)的样子。计算与估计的结果相当一致。这里有一件很有趣的事,就是从长期变星的周期性、亮度变化的范围以及光度变化曲线的形状上,所表现出的规则性有些像太阳黑子数目的变化。假如能在它们之间更进一步地找出某种联系,那么从太阳黑子的彻底研究——这一点是较易于办到的,说不定可以推测出变光星变化的根本原因,从而可以推想出恒星发展过程中某些具体阶段。从这一角度来看,就可统一那些个别研究的结果,而个别研究对于最后问题的解答上又可有更深一层的贡献与意义。不过这只能算是我个人的一种想法,顶多不过是一种希望而已,我们且拭目以待吧。

我们看星从1月起,到现在可谓周天一转。北半星空我们大体上算是已经做了一个初步的游览。时序过得实在快,如今1月份所讲到的星,又将来到我们头顶上了。十几年前我跟在朋友们的后面,随着父亲看星。有一个人问:看星有什么用?

父亲说了几点以后——这几点你我都知道的,还补充了一点,说是可以培养正确的宇宙观。当时他的意思无非是狭义的宇宙观——从广大的宇宙中认识我们自己。我现在就这点随便说几句,算是一年来的一个结束。

你会说看星本身就有无限的乐趣:我们不但可以认识许多为我们大家所共有的朋友,那真是与我们朝夕相处的宇宙中的伴侣,还可以得到不少很有趣、很好玩或是很惊人的知识。

可是如果仅仅只有这两点,那我们跟宇宙的交情还是太薄太浅了。

“宇宙为学校，自然为我师”，应当是我们看星的最后目的。正确的宇宙观实际上是包括对于事物本身及其发展的认识，以及我们本身生活实践的认识。所谓认识必须是通过实践才能获得的。我们要能了解宇宙的构造，认识宇宙运动的现象。从而观察并发现宇宙运动的本质及其法则，只有置身在这个学校里细细地体验、观察、探究、反复印证，才能达到我们学习的目的，而看星正是进入宇宙学校最好的一个门径，也正是拜自然为老师的一个法门。不但这样，我们更应把看星观天当作我们人格修养的一门课程，从星的运动，从对天体构造的了解上，改造自己。《易经》说：“天行健，君子以自强不息。”在观星上我们实在是可以得到很多做人方面的启示与督促。

附录一

黄道十二宫与二十八宿图

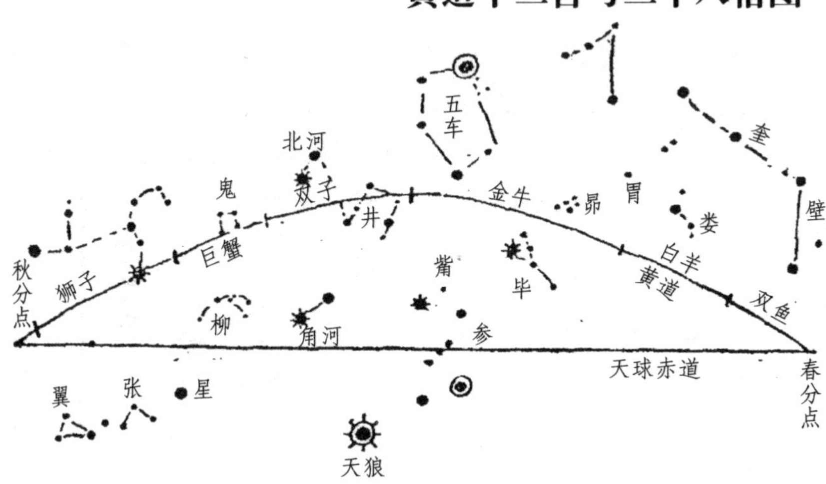

黄道十二宫诀

双鱼白羊同心结

金牛双子吃巨蟹

狮子怒吼女秤蝎

人马宝瓶抬摩羯

二十八宿诀

东宫苍龙相貌奇，

角氐亢房心尾箕。

北角玄武河边栖，

斗牛女虚危室壁。

西官白虎齿如刺，

奎娄胃昴毕觜参。

南宫朱鸟迎春神，

井鬼柳星张翼轸。

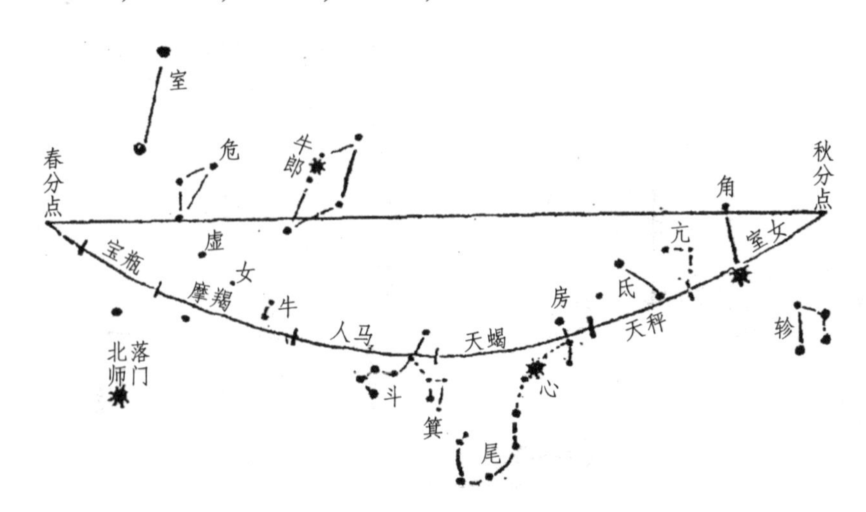

附录二

中西星名对照表

（本表只以星座中较显著的恒星为限）

学　名	专　名	中文名
Andromeda		仙女座
α	Alpheratz	壁宿二
β	Mirach	奎宿九
γ	Almach	天大将军一
ν		奎宿七
Aquarius		
α	Sadalmelik	宝瓶(水夫)瘗
β	Sadalsund	危宿一
η		虚宿一
ε		坟墓三
		女宿一
Aquila		
α	Altair	天鹰座
δ		河鼓二,牛郎
θ		右旗三
η		天桴一
ζ		天桴四
		吴越
Argo		
α	Cauopus	南船座
		老人
Aries		
α	Hamal	白羊座
β	Sheratan	娄宿三
		娄宿一
Auriga		御夫座
α	Capella	五车二

续表

学　名		专　名	中文名
Auriga	β	Menkalinen	五车三
	ε		柱六(一)
	ζ		柱七(二)
Bootes			牧夫座
	α	Arcturus	大角
	ε	Mirak	梗河三
	γ	Seginus	招摇
Camelopardalis			鹿豹座
	α		少卫
Cancer			巨蟹座
	ζ	Tegmen	水位四
Canes Venatici			猎犬座
Canis Major			大犬座
	α	Sirius	天狼
	β	Mirzim	军市一
Canis Minor			小犬座
	α	Procyon	南河三
	β	Gomeisa	南河二
Capricornus			摩羯(山羊)座
	α	Algiedi	牛宿二
	β	Dabih	牛宿一
	δ	Deneb Algedi	垒壁阵四
	θ		秦一
	ι		代一
	ζ		燕

续表

学　名	专　名	中文名
Cassiopeia		仙后座
α	Schedir	王良四
β	Caph	王良一
γ		策
δ	Ruchbah	阁道三
ε		阁道二
κ		王良二
Centaurus		半人马座
α^2		南门二
Cepheus		仙王座
α	Alderamin	天钩五
β	Alphirk	上卫增一
δ		造父一
ε		造父三
ζ		造父二
Cetus		鲸鱼座
α	Menkar	天囷一
β	Deneb Kaitos	土司空
γ		天囷八
δ		天囷九
o	Mira	刍藁增二
ζ	Baten Kaitos	天仓四
τ		天仓五
Columba		天鸽座
α		丈人一
β		子二
Coma Berenices		后发座
31		郎将

续表

学　名		专　名	中文名
Corona Borealis			北冕座
	α	Alphecca	贯索一
	β	Nusakan	贯索二
Corvus			乌鸦座
	β		轸宿四
Crater			巨爵座
Cygnus			天鹅座
	α	Deneb	天津四
	β	Albireo	辇道增七
	γ	Sadr	天津一
	δ		天津二
	ε	Gienah	天津九
Delphinus			海豚座
Draco			天龙座
	α	Thuban	右枢
	β	Rastaban	天棓三
	ι	Ed Asich	左枢
Equuleus			小马座
	α		虚宿二
Eridanus			波江座
Fornax			天炉座
Gemini			双子座
	α	Castor	北河二
	β	Pollux	北河三
	γ	Alhena	井宿三

续表

学　名		专　名	中文名
Gemini	μ	Tejat	井宿一
	η	Propus	钺
	δ	Wasat	天樽二
Grus			天鹤座
	γ		败臼一
Hereules			武仙座
	α	Ras Algethi	帝座
	β	Kornephoros	河中
	δ		魏
	ζ		天纪二
	ε		天纪三
	ο		中山
	η		天纪增一
Hydra			长蛇座
	α	Alphard	星宿一
	λ		张宿二
	γ		平一
Lacerta			蝎虎座
Leo			狮子座
	α	Regulus	轩辕十四
	β	Denebola	五帝座一
	γ	Algeiba	轩辕十二
	δ	Zosma	西上相
	θ	Chertan	西次相
Leo Minor			小狮座
Lepus			天兔座
	α	Arneb	厕一
	β	Nihal	厕二

续表

学　名		专　名	中文名
Lepus	ε		屏二
Libra			天秤座
	α	Zubenelgenubi	氐宿一
	β	Zubeneschamali	氐宿四
Lupus			豺狼座
Lynx			天猫座
Lyra			天琴座
	α	Vega	织女一
	β	Sheliak	渐台二
	γ	Sulafat	渐台三
Monoceros			麒麟(独角兽)座
Ophiuchus			蛇夫座
	α	Ras Alhague	候
	β	Cebalrai	宗正一
	δ	Yed	梁
	ζ		韩
	η	Sabik	宋
Orion			猎户座
	α	Betelgeuze	参宿四
	β	Rigel	参宿七
	γ	Bellatrix	参宿五
	δ	Mintaka	参宿三
	ε	Anilam	参宿二
	ζ	Alnitak	参宿一
	κ	Saiph	参宿六
	θ		伐

续表

学　名	专　名	中文名
Pegasus		飞马座
α	Markab	室宿一
β	Scheat	室宿二
γ	Algenib	壁宿一
ε	Enif	危宿三
θ	Baham	危宿二
Perseus		英仙座
α	Mirfak	天船三
β	Algol	大陵五
Pisces		双鱼座
α	Al Rischa	外屏七
β		霹雳一
Pisces Australisa		南鱼座
α	Fomalhaut	北落师门
Sagitta		天箭座
Sagittarius		人马座
λ	Kaus Borealis	斗宿二
μ		斗宿三
γ	Al Nasl	箕宿一
Scorpio		天蝎座
α	Antares	心宿二
ε		尾宿二
G		傅说
Scutum		盾牌座
Serpens		长蛇座
α	Unukalhai	蜀

续表

学　名		专　名	中文名
Serpens	β		周
Taurus			金牛座
	α	Aldebaran	毕宿五
	β	El Nath	五车五
	λ		毕宿八
Triangulum			三角座
	α		娄宿增六
	β		天大将军九
Ursa Major			大熊座
	α	Dubhe	天枢
	β	Merak	天璇
	γ	Phecda	天玑
	δ	Megrez	天权
	ε	Alioth	玉衡
	ζ	Mizar	开阳
	η	Alkaid	摇光
	ψ		太尊
Ursa Minor			小熊座
	α	Polaris	勾陈一
	β	Kochab	帝
Virgo			室女座
	α	Spica	角宿一
	β	Zavijava	右执法
	δ		东次相
	ε	Vindemiatrix	东次将
	ζ		角宿二

附录三

希腊字母表

字 母	名 称	字 母	名 称
α	Alpha	ν	Nu
β	Beta	ξ	Xi
γ	Gamma	ο	Omicron
δ	Delta	π	Pi
ε	Epsilon	ρ	Rho
ζ	Zeta	σ	Sigma
η	Eta	τ	Tau
θ	Theta	υ	Upsilon
ι	Iota	φ	Phi
κ	Kappa	χ	Chi
λ	Lambda	ψ	Psi
μ	Mu	ω	Omega

附录四

中西对照星图

中西对照星图共6幅，包括到5.25视星等的全天恒星；还有约80个星团、星云、星系等天体，用2000.0历元。

图中中国星名主要依据《仪象考成》星表。图中二十八宿的距星即为某宿中的一号星；在不同历史时期，个别距星曾有变动，引用时要注意。

在传统星名中，星和象是不可分的。对此，《仪象考成》星表中存在一些问题。考虑到《仪象考成》星表已成为传统星名的主要依据，除对有明显错误的几颗星略加调整外，没有大的改动。对某些找不到对照星的中国星名，用浅色星标明计算位置，以供参考。

（伊世同编绘）

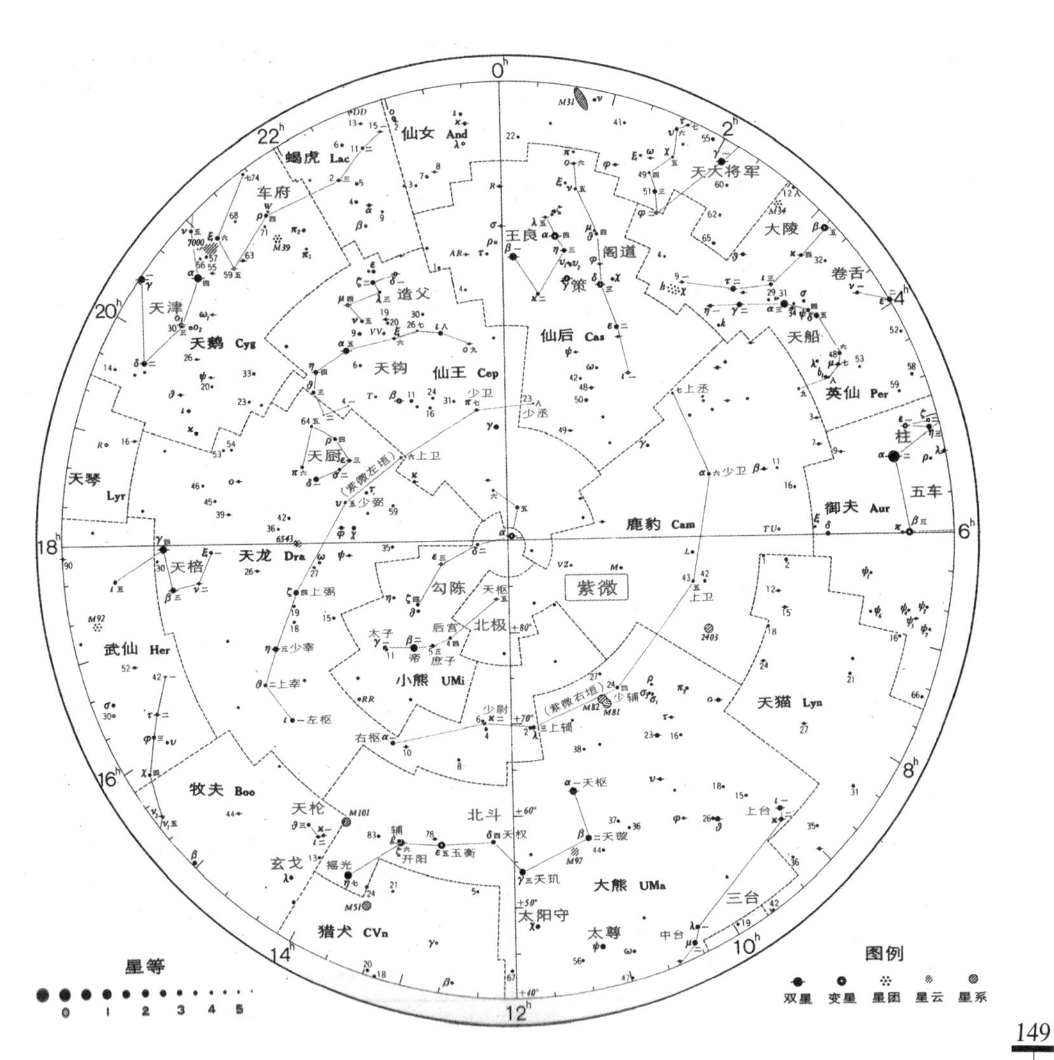
0h
2h
4h
6h
8h
10h
12h
14h
16h
18h
20h
22h
仙女 And
蝎虎 Lac
车府
天津
天鹅 Cyg
造父
天钩
仙王 Cep
天厨
天琴 Lyr
天龙 Dra
天棓
武仙 Her
勾陈
天枢
北极
后宫
太子
帝
庶子
小熊 UMi
少尉
右枢
上辅
少辅
天枪
牧夫 Boo
玄戈
摇光
开阳
玉衡
天权
北斗
天玑
天璇
猎犬 CVn
大熊 UMa
太阳守
太尊
中台
三台
上台
天猫 Lyn
紫微
鹿豹 Cam
御夫 Aur
五车
柱
英仙 Per
天船
卷舌
大陵
天大将军
阁道
王良
策
仙后 Cas
上丞
少丞
少卫
上卫
少宰
上宰
上弼
少弼
左枢
(紫微左垣)
(紫微右垣)
星等
0 1 2 3 4 5
图例
双星 变星 星团 星云 星系

北天星空

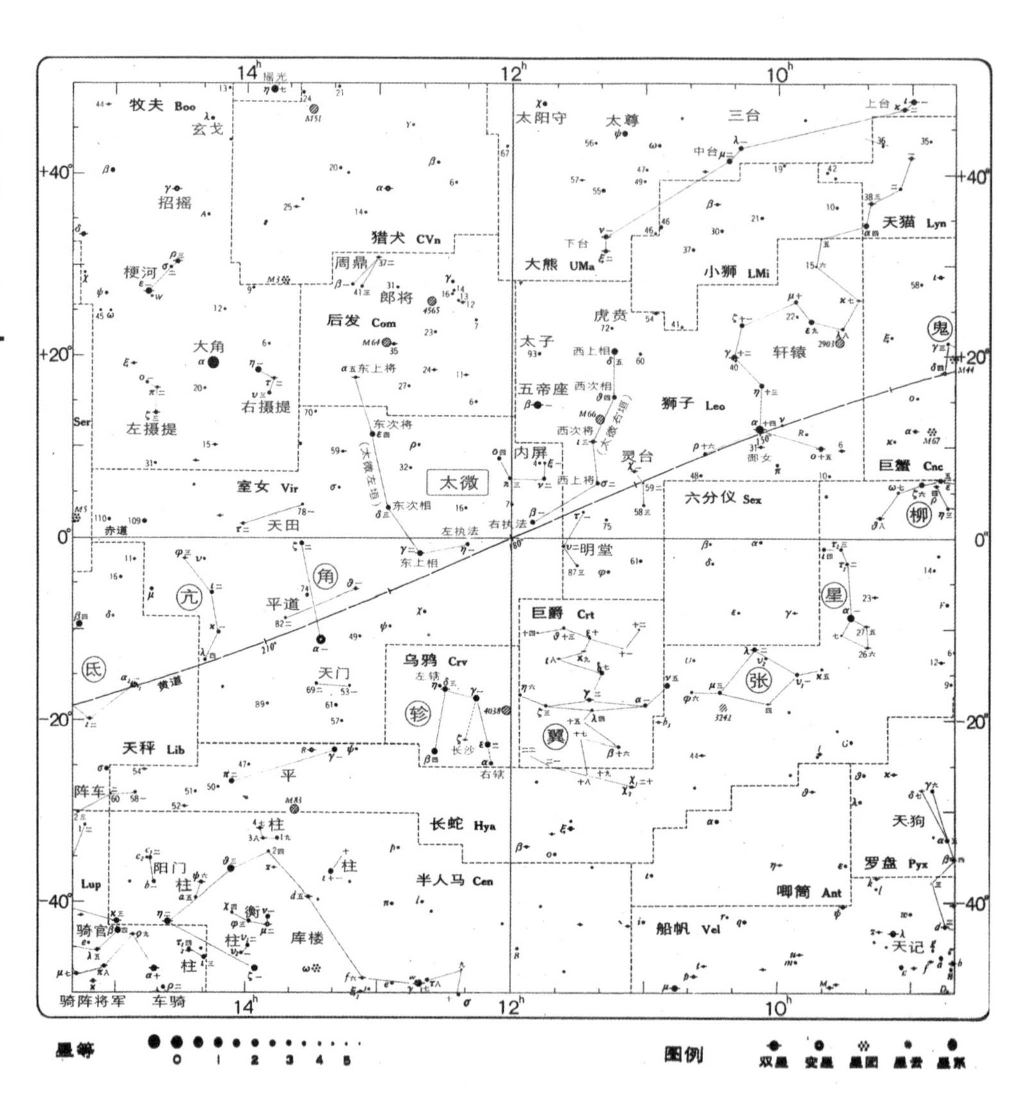
牧夫 Boo
猎犬 CVn
后发 Com
室女 Vir
大熊 UMa
小狮 LMi
狮子 Leo
天猫 Lyn
巨蟹 Cnc
六分仪 Sex
巨爵 Crt
乌鸦 Crv
长蛇 Hya
天秤 Lib
半人马 Cen
唧筒 Ant
船帆 Vel
罗盘 Pyx
太微
大角
轩辕
星等
图例
双星
变星
星团
星云
星系

春夜星空

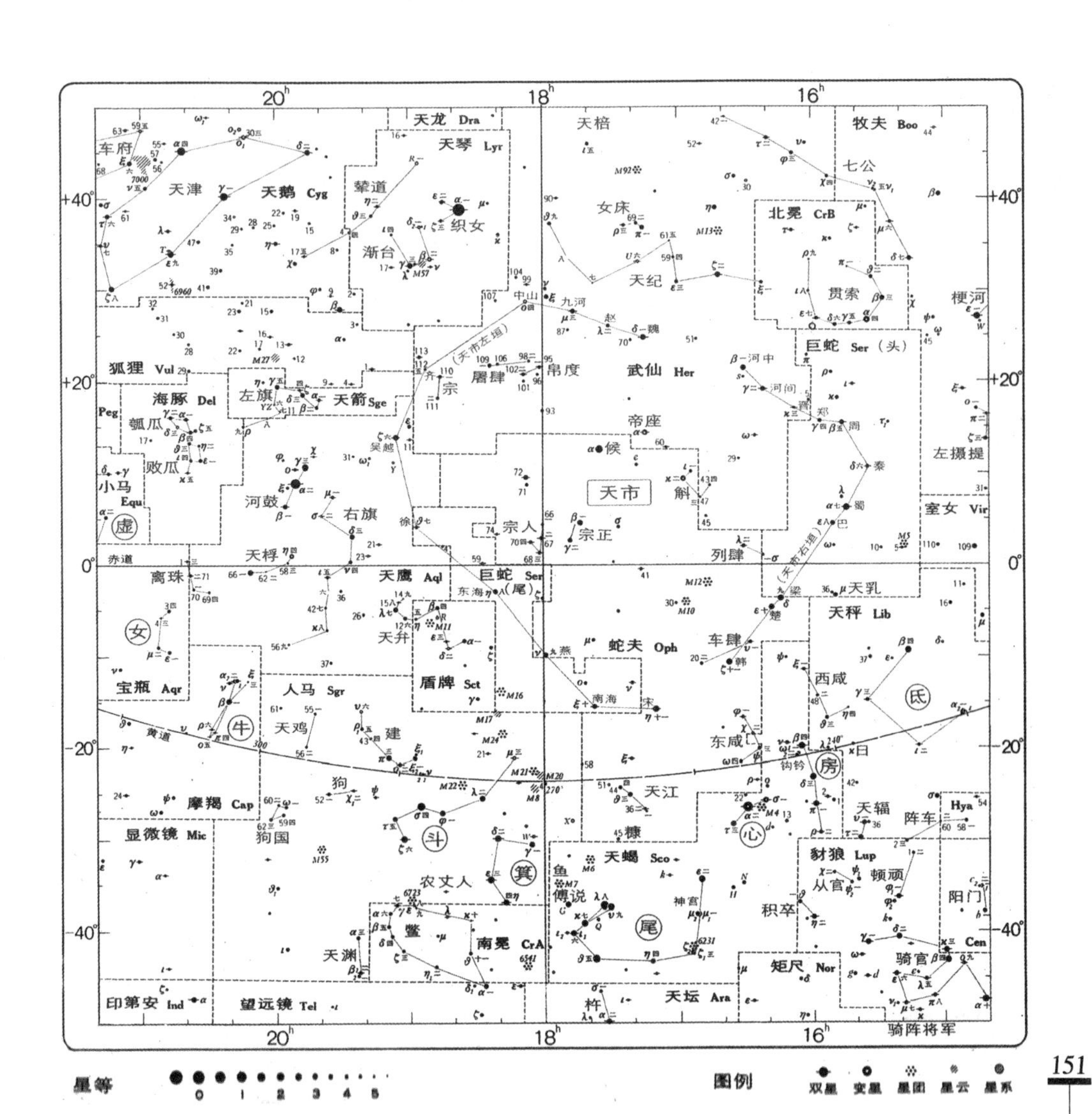

20h
18h
16h
+40°
+20°
0°
-20°
-40°
天龙 Dra
天琴 Lyr
天棓
牧夫 Boo
七公
车府
天津
天鹅 Cyg
辇道
织女
渐台
女床
北冕 CrB
贯索
梗河
天纪
中山
九河
狐狸 Vul
海豚 Del
左旗
天箭 Sge
齐
宗
屠肆
帛度
武仙 Her
巨蛇 Ser（头）
河中
河间
郑
周
秦
蜀
巴
Peg
瓠瓜
败瓜
小马 Equ
虚
吴越
帝座
侯
天市
斛
宗人
宗正
河鼓
右旗
徐
左摄提
室女 Vir
天桴
赤道
离珠
天鹰 Aql
巨蛇 Ser（尾）
东海
列肆
梁
天乳
燕
女
天弁
蛇夫 Oph
车肆
天秤 Lib
宝瓶 Aqr
盾牌 Sct
南海
宋
韩
西咸
氐
人马 Sgr
天鸡
牛
建
黄道
东咸
房
日
钩钤
狗
天江
天辐
阵车
Hya
摩羯 Cap
狗国
斗
心
显微镜 Mic
箕
糠
天蝎 Sco
豺狼 Lup
从官
顿顽
鱼
傅说
农丈人
神宫
积卒
阳门
鳖
南冕 CrA
尾
骑官
Cen
天渊
矩尺 Nor
印第安 Ind
望远镜 Tel
杵
天坛 Ara
骑阵将军
星等
0 1 2 3 4 5
图例
双星
变星
星团
星云
星系

夏夜星空

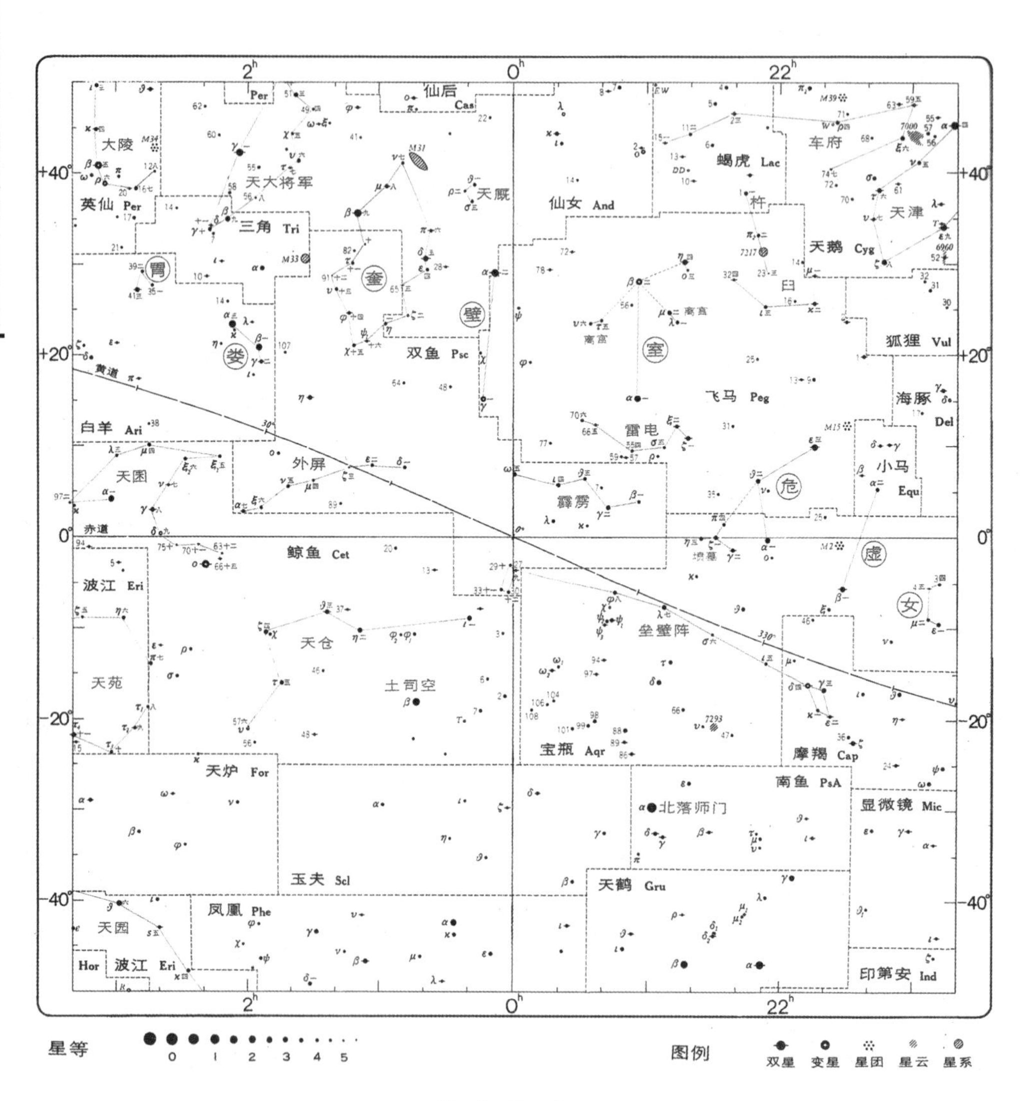
仙后 Cas
大陵
英仙 Per
天大将军
三角 Tri
天厩
仙女 And
蝎虎 Lac
车府
天津
天鹅 Cyg
胃
娄
奎
壁
室
臼
杵
双鱼 Psc
白羊 Ari
天囷
外屏
飞马 Peg
雷电
霹雳
危
虚
女
小马 Equ
海豚 Del
狐狸 Vul
赤道
黄道
鲸鱼 Cet
波江 Eri
天苑
天仓
土司空
垒壁阵
宝瓶 Aqr
摩羯 Cap
天炉 For
南鱼 PsA
北落师门
显微镜 Mic
玉夫 Scl
天鹤 Gru
凤凰 Phe
天園
Hor
印第安 Ind
星等
图例
双星
变星
星团
星云
星系

秋夜星空

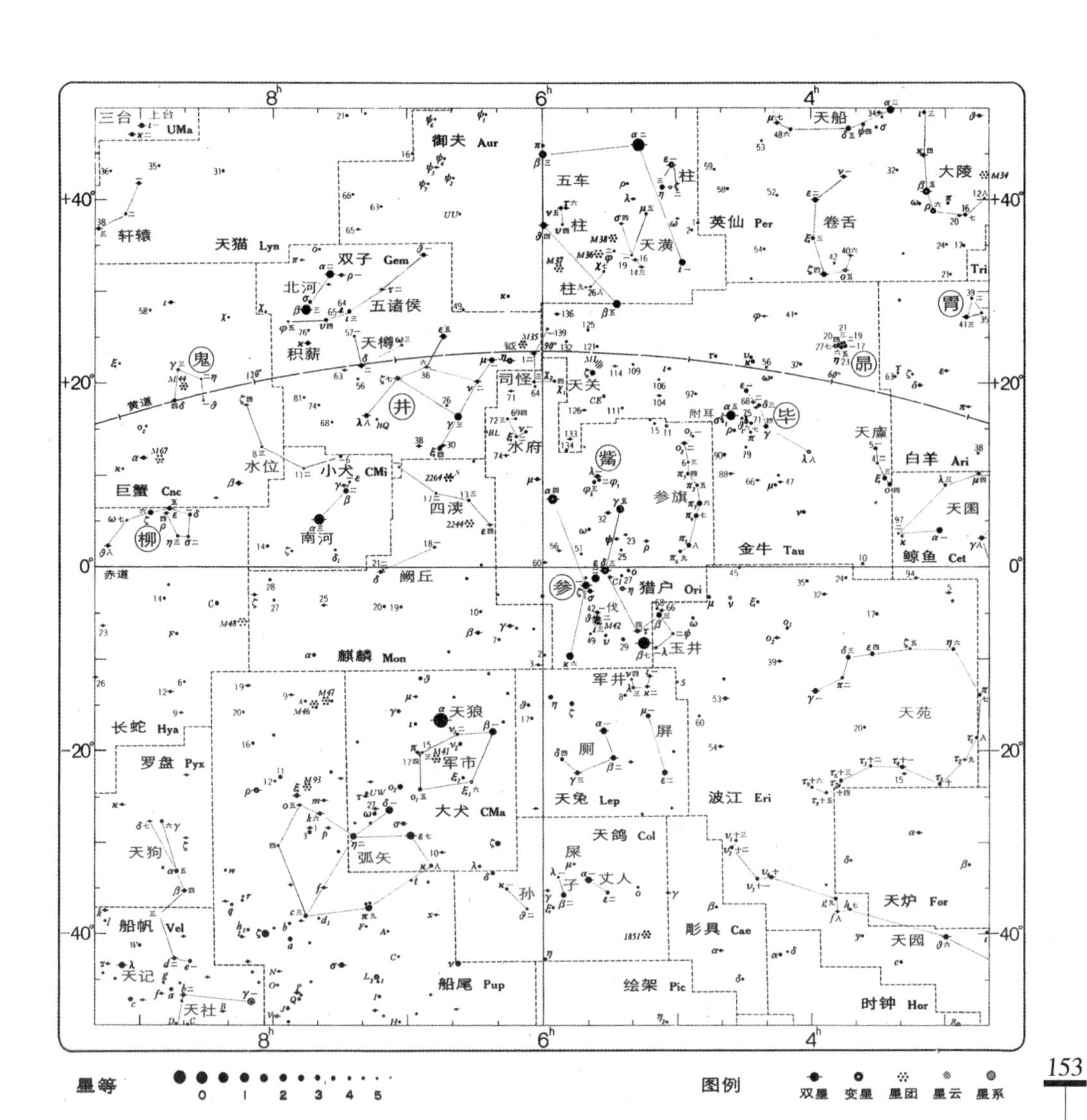
8h
6h
4h
+40°
+20°
0°
-20°
-40°
三台
上台
UMa
轩辕
天猫 Lyn
御夫 Aur
五车
柱
天潢
英仙 Per
天船
大陵
卷舌
Tri
胃
双子 Gem
北河
五诸侯
积薪
天樽
鬼
井
黄道
赤道
司怪
天关
昴
毕
附耳
天廪
白羊 Ari
水府
觜
参旗
巨蟹 Cnc
水位
小犬 CMi
四渎
南河
柳
金牛 Tau
天囷
鲸鱼 Cet
阙丘
参
猎户 Ori
伐
玉井
麒麟 Mon
军井
天苑
长蛇 Hya
天狼
屏
罗盘 Pyx
军市
厕
大犬 CMa
天兔 Lep
波江 Eri
弧矢
天狗
天鸽 Col
屎
子
丈人
孙
天炉 For
船帆 Vel
彭具 Cae
天园
天记
船尾 Pup
绘架 Pic
天社
时钟 Hor
星等
0 1 2 3 4 5
图例
双星 变星 星团 星云 星系

冬夜星空

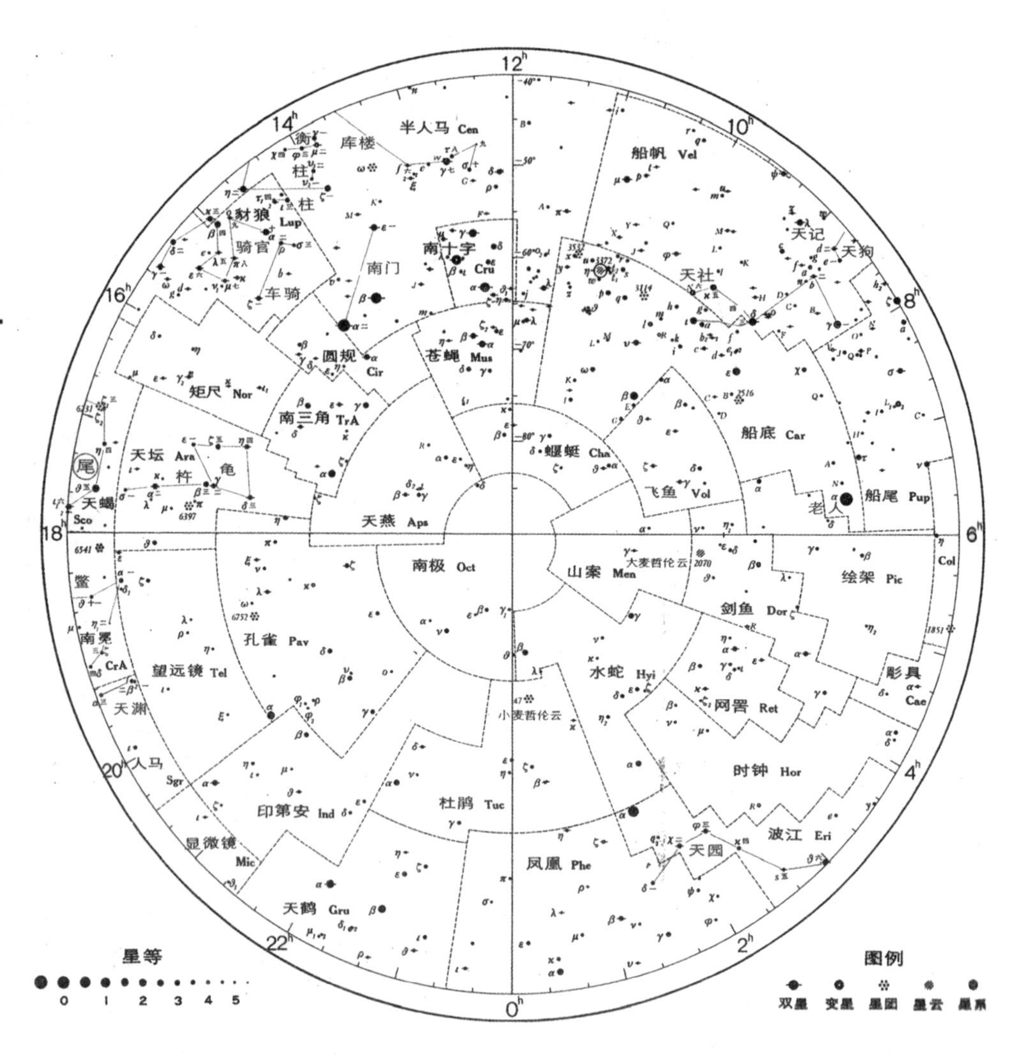
半人马 Cen
船帆 Vel
库楼
衡
柱
财狼 Lup
骑官
车骑
南门
南十字 Cru
天记
天狗
天社
圆规 Cir
苍蝇 Mus
矩尺 Nor
南三角 TrA
船底 Car
天坛 Ara
杵
龟
蝘蜓 Cha
飞鱼 Vol
尾
天蝎 Sco
天燕 Aps
船尾 Pup
老人
南极 Oct
山案 Men
大麦哲伦云
绘架 Pic
鳖
剑鱼 Dor
孔雀 Pav
南冕 CrA
望远镜 Tel
水蛇 Hyi
小麦哲伦云
网罟 Ret
雕具 Cae
天渊
人马 Sgr
时钟 Hor
印第安 Ind
杜鹃 Tuc
波江 Eri
显微镜 Mic
凤凰 Phe
天园
天鹤 Gru
星等
0 1 2 3 4 5
图例
双星 变星 星团 星云 星系

南天星空